口絵 1 ブリ（国立研究開発法人水産研究・教育機構提供）[p.1, 図 1.1 参照]

口絵 2 カンパチ（国立研究開発法人水産研究・教育機構提供）[p.1, 図 1.2 参照]

口絵 3 ヒラマサ（国立研究開発法人水産研究・教育機構提供）[p.2, 図 1.3 参照]

口絵 4 生餌（左）と乾燥固形飼料（右）を給餌した後の透明度の違い [p.72, 図 4.9 参照]

口絵5 マダイイリドウイルス病の病魚鰓弁にみられる黒褐色点 [p.120, 図4.38参照]

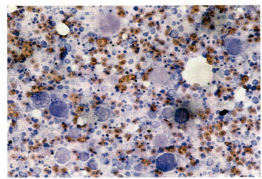

口絵6 マダイイリドウイルス病の病魚脾臓のスタンプ標本（ギムザ染色）にみられる異形肥大細胞 [p.120, 図4.39参照]

口絵7 類結節症の病魚脾臓に形成された小白点 [p.124, 図4.41参照]

口絵8 ラクトコッカス症の病魚眼球の白濁と周縁出血 [p.126, 図4.43参照]

口絵9 ラクトコッカス症の病魚心臓外膜の白濁肥厚 [p.126, 図4.44参照]

口絵 10　ノカルジア症の病魚鰓に形成された結節［p.127，図 4.46 参照］

口絵 11　ノカルジア症の病魚脾臓に形成された粟粒状結節［p.128，図 4.47 参照］

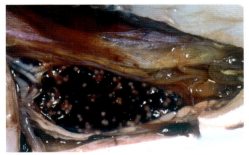

口絵 12　非結核性抗酸菌症の病魚脾臓に形成された白色結節［p.129，図 4.48 参照］

口絵 13　鰓弓と鰓把に寄生するブリウオジラミ成虫［p.136，図 4.59 参照］

口絵 14　モジャコウオジラミの寄生による皮膚のびらん［p.136，図 4.61 参照］

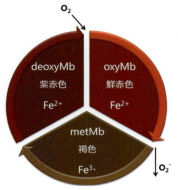

口絵 15　ミオグロビンの状態図 [p.157, 図 5.5 参照]

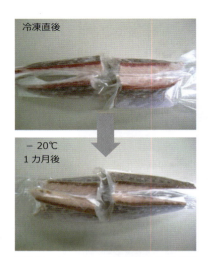

口絵 16　カンパチの凍結直後と冷凍保存後の血合肉色調の変化 [p.157, 図 5.6 参照]

口絵 17　冷凍解凍ブリ [p.170, 図 5.20 参照]

背骨の骨折　　　骨折しない方法を確立

鎮静中のブリ

口絵 18　通電による鎮静化と背骨の骨折課題の解決 [p.171, 図 5.21 参照]

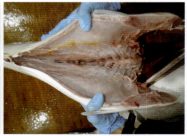

口絵 19　内臓除去したブリドレス．左は腎臓除去前のドレス [p.173, 図 5.24 参照]

シリーズ 水産の科学 ① 良永知義［総編集］

ブリ類の科学

虫明敬一［編著］

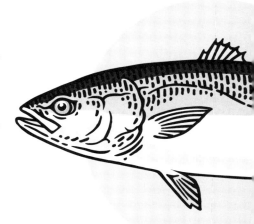

朝倉書店

まえがき

　ブリをはじめとして成長とともに名前が変わる出世魚は，わが国特有の不思議な魚食文化を反映している．ブリは日本列島を南北に回遊する大型の肉食魚であるが，地方によってもハマチ，イナダ，ワラサなど呼び名が段階的に異なる．いずれの呼び名であってもブリに変わりはないが，その大きさが違うだけで名前が変わる．学術的には大きさとは無関係に，英語名でイエローテイル（yellowtail）だけである．これをさらに紛らわしくしているのが，寒ブリ，天然ブリ，養殖ブリなどの別の呼び方があることであろう．かろうじて，天然ブリは天然もの，養殖ブリは養殖ものと理解はできる．このような多様な呼び名は，古くからのわが国の魚食文化と密接なつながりがあることを物語っている．読者の皆様には紛らわしいことは承知の上で，本書では由来や大きさに関係なく，とりあえず統一的に「ブリ」と記載させていただくこととする．また，ブリ，ヒラマサおよびカンパチのいわゆるブリ属御三家を総じて「ブリ類」と記載させていただく．

　さて，そのブリは古くより「東のサケ，西のブリ」として水産食材の横綱格に位置し，わが国の水産資源の中でも最も重要な種類の一つと捉えられている．また，代表的な出世魚として縁起の良い食材である．近年では，スーパーマーケットなどの鮮魚売り場で一年中刺身や切り身で売られている大衆食材のイメージが定着している．また，最近ではほぼ周年にわたる市場への出荷体制が確立してきていることから，わが国の安全・安心な養殖水産物の象徴として，海外にも輸出食材として急速に普及してきている．その一方で，北陸地方や西日本の各地では，古くからの魚食文化と相まって，寒ブリをはじめとする天然ブリや脂の乗った養殖ブリが正月を中心とする冬場に美味な高級食材として家庭の食卓を賑わし，高値で取り引きされている．

　これらの背景には，1958年頃から西日本一帯で従来高級魚であったブリの養殖業参入への機運の高まりがある．その後，水産研究者や養殖関係者のたゆまぬ技術開発が功を奏し，1979年にヒラマサおよびカンパチを含むブリ類として初めて養殖生産量が15万tを超えた．それ以降，今日に至るまで約40年間にわた

り常に15万t前後の生産量が維持され，この間，ブリ類は常にわが国の海産魚類養殖生産量のトップに君臨している．今では，世界全体のブリ類養殖生産量の約90％が日本で養殖されている現状にある．わが国のブリ類養殖は，その生産額が1000億円を超える産業に成長した．

　魚食文化において重要な役割を果たしてきたブリであるが，一昔前までは学術的にも天然ブリの資源生態的側面には不明な部分も多く，また，人工種苗を安定的に確保する技術も不安定な状況にあった．しかし，近年，天然ブリの生態や資源動向に関する新たな知見や研究成果が得られるとともに，育成した親魚から任意の時期に採卵する技術を含めた人工種苗生産技術や最新の技術を導入した育種技術開発に大きな進展が見られるようになった．また，ブリはわが国の魚類養殖産業を代表する対象種でもあることから，その基本となる技術開発の進め方や課題克服までの苦難の歴史は，今後，完全養殖技術の商業化に向けた養殖産業振興まで進展が強く期待されている太平洋クロマグロやニホンウナギなどにも利活用される先行事例として，重要な意義を持つと考えられる．

　このような背景のもとで，日本人の食生活におけるブリとの関わりやぶり街道など（第2章），ブリ漁業の歴史や資源評価，回遊生態など（第3章），養殖に用いる飼餌料，環境管理，人工種苗生産，疾病対策，育種など（第4章），食品としての栄養や加工・利用（第5章），および国内流通と海外への輸出促進（第6章）に至るほぼすべての工程について，実際にフィールドの最前線でその分野に専門的に従事している研究者が中心となって現状を記録しておくために稿を起こした．本書で紹介する数多くの知見や成果については，ややもすると専門的になりがちな難解な表現を，著者自らができるだけ平易な表現で説明・解説するように心がけた．

　本書がこれから水産学を学ぼうとする学生の皆様のテキストとして，また，実際にブリ類を取り扱っている研究・技術者や養殖関係者の皆様のハンドブックとしてだけでなく，ブリ類に興味をお持ちの一般の読者の皆様にもお読みいただければ望外の喜びである．

　最後に，本書の企画の段階から刊行に至るまでの間，朝倉書店編集部の皆様には多大なご尽力を賜った．ここに著者を代表して深甚なる感謝の意を表わす．

2019年5月

虫　明　敬　一

編著者

虫明 敬一　水産研究・教育機構増養殖研究所

執筆者

木村 郁夫	鹿児島大学産学・地域共創センター
久保田 洋	水産研究・教育機構日本海区水産研究所
阪倉 良孝	長崎大学大学院水産・環境科学総合研究科
塩澤 聡	西南水産株式会社奄美事業所
重野 優	日本水産株式会社水産事業第二部
宍道 弘敏	鹿児島県商工労働水産部
中田 久	近畿大学水産研究所
橋本 博	水産研究・教育機構西海区水産研究所
原 隆	日本水産株式会社中央研究所大分海洋研究センター
福田 穣	大分県農林水産研究指導センター水産研究部
益本 俊郎	高知大学農林海洋科学部
虫明 敬一	水産研究・教育機構増養殖研究所
森島 輝	日本水産株式会社中央研究所大分海洋研究センター
山下 倫明	水産大学校水産学研究科
山瀬 茂継	西南水産株式会社
亘 真吾	水産研究・教育機構中央水産研究所

（五十音順）

目　次

第1章　ブリ類概論　〔虫明敬一〕…1

第2章　ブリと日本人の食文化　〔虫明敬一〕…5
2.1　日本の和食文化…5
2.1.1　和食文化　5
2.1.2　和食の中の魚介類　7
2.1.3　寿司文化の広まり　7
2.1.4　地方の寿司文化　8
2.2　ブリと日本人…11
2.2.1　ブリの名前の由来　11
2.2.2　出世魚の呼び名の変化　11
2.2.3　東のサケ，西のブリ　12
2.2.4　ぶり街道はノーベル街道　12
2.2.5　ぶり起こし　13
2.2.6　海外も注目する「魂を揺さぶる食材」　14

第3章　天然資源の生態と動向…16
3.1　ブリ漁業の歴史　〔亘　真吾〕…16
3.1.1　江戸時代以前のブリ漁業　16
3.1.2　江戸時代のブリ漁業　17
3.1.3　明治時代から戦前のブリ漁業　19
3.1.4　戦後のブリ漁業　21
3.2　ブリの資源変動と資源評価　〔亘　真吾〕…23
3.2.1　ブリの資源評価　23
3.2.2　ブリの資源変動　27
3.2.3　カンパチ類の漁獲量の推移　32

3.3 分布・回遊 ………………………………………………〔久保田　洋〕…33
　3.3.1　ブリの分布域　33
　3.3.2　ブリの回遊　36
3.4 年齢と成長 ………………………………………………〔久保田　洋〕…42
　3.4.1　ブリ類の大きさ　42
　3.4.2　成　長　43
3.5 産卵生態 …………………………………………………〔久保田　洋〕…49
　3.5.1　ブリの繁殖特性　49
　3.5.2　ブリの産卵期・産卵場の推定　51
　3.5.3　ヒラマサおよびカンパチ　54

第4章　飼育（養殖） ……………………………………………………………59
4.1 ブリ養殖の歴史 ……………………………………………〔虫明敬一〕…59
　4.1.1　魚類養殖施設　59
　4.1.2　ブリの養殖小史　60
4.2 天然種苗と人工種苗 ……………〔宍道弘敏・阪倉良孝・塩澤　聡〕…62
　4.2.1　天然種苗　63
　4.2.2　人工種苗　66
4.3 飼餌料 ………………………………………………………〔益本俊郎〕…71
　4.3.1　飼料形態と給餌　71
　4.3.2　ブリの消化生理　75
　4.3.3　栄養要求　77
　コラム：フルーツフィッシュ　〔益本俊郎〕　82
4.4 環境管理 ……………………………………………………〔原　　隆〕…83
　4.4.1　ブリの生物学的特性と環境基準　83
　4.4.2　養殖環境保全に向けた環境改善の取り組み　84
　4.4.3　養殖漁場での環境管理　86
　4.4.4　国際的な養殖認証における環境基準　88
4.5 親魚養成 …………………………………………〔中田　久・虫明敬一〕…90
　4.5.1　親魚養成とは　90
　4.5.2　親魚を育てる　91
　4.5.3　親魚の成長を促進させる　92

4.5.4　親魚から卵を得る　93
　　4.5.5　ふ化までの卵管理　98
　　4.5.6　ふ化仔魚の良否の判定　100
　4.6　種苗生産 ……………………………………〔塩澤　聡・橋本　博〕…101
　　4.6.1　飼育方法　102
　　4.6.2　飼育管理技術の高度化　108
　　4.6.3　今後に向けて　117
　4.7　疾病と対策 ……………………………………………〔福田　穰〕…119
　　4.7.1　ウイルス病　119
　　4.7.2　細菌病　122
　　4.7.3　寄生虫病　128
　4.8　育　種 ………………………………………………〔森島　輝〕…137
　　4.8.1　育種とは　137
　　4.8.2　遺伝特性：質的遺伝形質と量的遺伝形質　138
　　4.8.3　親子の相関関係を利用した選抜効果の予測　139
　　4.8.4　育種素材　141
　　4.8.5　遺伝的管理　141
　　4.8.6　ブリにおける悪性遺伝子ホモ化の実例　143
　　4.8.7　育種の戦略　144
　　4.8.8　選抜手法　145
　　4.8.9　育種プログラムの進捗評価　146
　　4.8.10　育種に求められる周辺技術　147

第5章　食　　　品 ……………………………………………………………149
　5.1　栄　養 ………………………………………………〔山下倫明〕…149
　　5.1.1　タンパク質　150
　　5.1.2　脂　質　150
　　5.1.3　ビタミン　151
　　5.1.4　ミネラル類　152
　　5.1.5　魚食の生活習慣病予防効果　152
　　5.1.6　機能性食品　152
　5.2　加工と利用 ……………………………………………〔木村郁夫〕…153

  5.2.1 鮮度変化と鮮度指標 154
  5.2.2 冷蔵・冷凍に関する技術小史 159
  5.2.3 冷蔵流通 160
  5.2.4 冷凍流通 162
  5.2.5 養殖ブリ水揚げ・加工法の実用化技術開発 170
  5.2.6 ブリの焼き物調理 173

第6章　流通・経済　……………………………………………………175
 6.1 流通・価格 ………………………………………〔重野　優〕…175
  6.1.1 国内の消費傾向 175
  6.1.2 ブリ類の流通 176
  6.1.3 ブランド化されたブリ 182
  6.1.4 カンパチ 183
  6.1.5 ヒラマサ 184
  コラム：嫁御ブリ　〔重野　優〕　185
 6.2 輸出促進 …………………………………………〔山瀬茂継〕…186
  6.2.1 ブリ養殖と輸出の現状 186
  6.2.2 ブリの輸出促進 189
  6.2.3 今後の輸出促進への展望 192

索　　引　………………………………………………………………………195

1 ブリ類概論

　ブリ（学名 Seriola quinqueradiata）（図1.1）は，スズキ目アジ科ブリ属に属する大型の回遊魚である．北太平洋に広く分布するが，その分布の中心は日本近海である．「ブリ属御三家」と呼ばれるのが，ブリ，カンパチ（S. dumerili）（図1.2）およびヒラマサ（S. aureovittata[*1]）（図1.3）である．特に，西日本におけるブリは東日本のサケに匹敵する魚として古くから珍重され，祝い事には欠くことのできない食材の一つである．その成長に伴って呼び名が変わる代表的な出世魚でもある．これはブリが全国各地でその成長過程の様々な段階で食材として親

図1.1　ブリ（国立研究開発法人水産研究・教育機構提供）[口絵1参照]

図1.2　カンパチ（国立研究開発法人水産研究・教育機構提供）[口絵2参照]

[*1] ヒラマサの学名については，従来 Seriola lalandi であったが，Martinez-Takeshita et al.(2015) の報告により，日本周辺に分布する本種は S. aureovittata とすることが提唱された．本書ではこれを採用する．詳細は3.3.1項を参照されたい．

図 1.3 ヒラマサ（国立研究開発法人水産研究・教育機構提供）[口絵 3 参照]

しまれ，また成長に伴って変化する味や食感の違いを細かく認識できる日本の食文化を反映しているものと理解できる．

　カンパチとヒラマサを含めたブリ類の養殖生産量は，1964 年以降に急激に増加する傾向を示しながら 1971 年に初めて天然漁獲量を上回り，以降はつねに養殖生産量が天然漁獲量を上回っている（図 1.4）．また，1979 年には養殖生産量は 15 万 t を超え，それ以降，今日まで約 40 年間にわたりつねに約 15 万 t 前後を維持し，絶えず日本の魚類養殖のトップを走っている．2015 年のわが国の養殖生産量は 107 万 t であるが，そのうち海産魚類の養殖生産量は 24.6 万 t を占め，そのうちブリ類が 14.0 万 t（海産魚類全体の 57％）を占めている．ブリ類養殖生産量の内訳は，ブリが 10.2 万 t，カンパチが 3.4 万 t，その他のブリ類で 0.4 万 t となっている．さらに，世界全体のブリ類養殖生産量は 16.1 万 t であるのに対して，日本のブリ類生産量は上述のように 14.0 万 t を占めている．このことは，すなわち，世界全体で養殖されているブリ類の大半（2015 年は約 87％）が日本で養殖されていることを示している．

　一方，2010 年以降，ブリの天然資源量自体は高位と推定されており，漁獲量

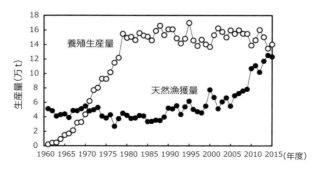

図 1.4 ブリ類の養殖生産量および天然漁獲量の推移（農林水産統計年報データより作成）

自体も増加している．操業する定置網の稼働数や漁獲に関わる漁船数が急に増加しているわけではないことから，わが国周辺に生息しているブリ類の天然資源自体が増加しているものと考えられる．実際に，ブリ天然資源量の推定に用いられるコホート解析において，1994年以降のブリ親魚量と加入量の関係をみると，現在は親魚の量も子の加入量も多い状態にある．しかし，再生産成功率（親魚量1kg当たり何尾の加入があったかという比率）に目を向けると，2015年の比率は1994年以来，最も低い値となっている．仮に2015年のような低い比率の年が今後も継続すれば，親魚の量が同じであったとしても子の量が少なくなり，天然資源は減少に転じることとなる．このような状況も踏まえて，今後，本種の再生産成功率の動向を注視しておく必要があろう．

近年の温暖化傾向の中にあって，これまでほとんど漁獲されなかった北の海域でもブリが漁獲されるようになってきた．また，近年の天然資源の漁獲は，多くの魚種で軒並み減少傾向にある中，ブリの漁獲量は増加する傾向にあり，ますます注目度が高まってきている．ただし，天然資源が増加しているからといって，むやみに漁獲量を増やしてよいということにはならない．その理由は，現在は安定していると考えられているブリの天然資源ではあるが，昨今，世界的にも問題視されている太平洋クロマグロやニホンウナギのように，いつ急激な減少に転じるかは予測できないからである．

ブリ養殖のスタートとなる養殖用種苗には，毎年多くの天然稚魚（モジャコ）が大量に漁獲され利用されている．養殖用種苗確保の必要性からとはいえ，このような小型魚のうちに大量に漁獲することは，天然資源を持続的に利用するという観点からは決して望ましいことではない．ブリの成長と漁獲量の関係を見極めつつ，適正な資源管理を行うことが最も重要である．ブリ養殖業の持続的繁栄のためには，養殖用種苗の何割かを付加価値を高めた人工種苗で賄い，それらを効率的に飼育および活用する養殖技術のシステム化への取り組みの継続が今後はより必要となろう．そのためにも，人工種苗をより効率的かつ安定的に確保し，近年進展の著しい分子生物学的手法を取り入れた育種により，天然種苗にはない高付加価値を有する養殖用人工種苗（家系）の作出にブリ養殖産業界からも大きな期待が寄せられている．

食材としてのブリは，保存食の一環として発展した寿司文化のほかに，冷蔵・冷凍技術の発達，また，一般家庭における冷蔵冷凍庫の普及により，食材の流通技術は革命的ともいえるほど大きく進展した．このような背景もあり，近年のブ

リ天然資源の増加や養殖生産量の維持安定により，いまでは供給不安定という懸念も解消され，どこのスーパーマーケットや回転寿司でもブリを味わうことができるようになってきた．

　ブリをはじめとする水産物には，タンパク質，脂質，ミネラルなどの主要な栄養成分だけでなく，人間の生活習慣病の予防に効果のある成分も含まれていると考えられている．ブリにおいても，とりわけ生活習慣病のリスクを低減し，健康寿命をさらに伸ばし，加えて疲労回復や美容にも効果のある機能性食品として，より高品質で美味な食材としてのブリの品種開発にも大きな期待が寄せられているといえよう．

　ブリ類は養殖生産量の増加に伴い，いまや，国内での安定供給による消費者ニーズを満たしているだけでなく，近年では海外への輸出量も増加してきている現状にある．日本国内では，天然と養殖の由来の違いにかかわらず各地でブランド化が進められており，その土地の柑橘系特産物などを餌に混ぜて飼育したブランド化されたブリが市場に多く出回るようになってきた．また，ブリ類の海外輸出のほとんどは，養殖されたブリである．和食料理の優良な食材として，世界中のグルメ嗜好や健康志向にさらに拍車をかけたのが，2013年の「和食」のユネスコ無形文化遺産への登録決定であろう．現状でのブリ類の海外輸出先は北米が中心であるが，その中でも米国は日本の養殖ブリの最大かつ最重要マーケットに位置づけられている．また，現状では数量的には少ないものの，今後の市場拡大への期待も込めてアジア向けの輸出量が年々増加する傾向にある．

　古くより「東のサケ，西のブリ」と称されるわが国の食文化に深く根づいている東西の横綱も，近年では回転寿司や刺身食材においてもノルウェーサーモンに押されている状況である．こういった状況を打開すべく，ブリ養殖の成長産業化に直結するような産学官連携による新たな視点からの研究開発やその開発成果に基づく産業貢献への社会実装が強く求められるようになってきた．そのための日本オリジナルのブリ戦略を練り直す時期がすでに到来しているといえるのではないだろうか．

〔**虫明敬一**〕

2

ブリと日本人の食文化

 2.1 日本の和食文化

2.1.1 和食文化

　明確な四季を有し南北に長い日本列島には，豊かで多様な自然がある．そこで生まれた食文化は，この多様な環境に寄り添うように育まれてきた．このような自然を尊ぶ日本人の気質に基づいて育まれた「和食」は，2013年12月に日本人の伝統的な食文化として，ユネスコ無形文化遺産に登録された．文化は，本来，それが生まれた自然環境と対応しており，食文化も文化の一つである以上，その地域の自然環境に最も溶け込んで育まれたものである．このため，日本の食文化は日本の環境を最もよく映し出している鏡といっても過言ではない．

　国立民族学博物館の調査報告によると，高度成長期以前の日常の食生活について，多くの人は季節ごとに多少の違いはあっても，ほとんど毎回同じような食事内容だったと証言されている．日常の食事は，古くは飯（麦や大根，雑穀などを混ぜ込んだもの）に一汁一菜が基本であり（図2.1），肉はおろか魚さえも海に近い漁村地域や流通網が発達した都市部を除いてほとんど食することがなかったのが一般的であったようである．現在のような冷蔵・冷凍設備や輸送手段が発達する以前は，魚介物の多くは長期間の保存が可能な塩蔵品や干物などに加工され，行商人が徒歩もしくは自転車で日帰りできる範囲内で運搬・販売されていた．その範囲は40〜50 kmであり，その範囲を超えると塩蔵品でさえめったに口にすることはなかったといわれている．

　しかし，正月や祭りなどの特別な日になると，たとえ山奥部であろうとも海産魚が食卓に上る習慣があったことは興味深い．実際に長野県の伊那谷や飯田あたりでは，「年取り魚」として現在でもブリが食されている．これらの地域では，富山県の氷見で水揚げされた天然ブリが半月ほどかけて高山や松本を経て運ばれ

図2.1 伝統的な和食料理（一汁一菜）（写真提供：Shutterstock）

ていた．高山の日枝神社には，越中の魚屋が寛文5（1665）年に奉納した絵馬が残されており，すでに江戸時代初期には飛騨地方へのブリ運搬が行われていたことの証である．塩蔵したブリを丸のまま購入した家では，まず大晦日に一家の主人がブリの尾を切り，家の神棚に供える．その後，切り分けた切身を焼いて食べ，年を越した．家によっては，ブリ箱というブリの貯蔵専用の箱を準備しておき，節分の頃まで大切に食べたという地域もあったようである．

著名な民俗学者である柳田國男は，その著書『食物と心臓』（1941）の中で，正月や祭りなどの祝いの日にわざわざ海産魚を食する習慣が各地でみられることについて，「この日を精進にせぬ大きな力が備わっていたことが想像せられる」と述べている．柳田によれば，祝いとは本来，忌むことに通じる言葉で，それ自体は決して幸福なことはなく，厳粛な禁戒と解放の歓喜の両方の意味を有していた．その後，祝いの場では禁戒，すなわち，精進を終えて次の楽しい自由な祝賀へと移行する過程で，まなくい（魚食い）の儀式が必須だったのではないかと推察している．そうでなければ，正月だからとか，嫁入りだからとかといった理由で，必ず海から獲った魚を食べなければならないといった無理算段までするようになったことへの説明がつかないと述べられている．また，ブリを大晦日の年越しや正月のおせち料理として食べる習慣は，全国の主要都市だけでなく海外の在留者にも及んでいる．ブリにとっては大変迷惑な話であろうが，これだけ多くの

国民が年末年始という特定の時期に気持ちを一つにして同じブリという魚を食べる習慣に驚かされるとも述べられている．

2.1.2　和食の中の魚介類

　四方を海に囲まれている日本では，各地で様々な種類の魚介類が多様な形で食されている．なま物，干物，焼き物，煮物，燻製，塩辛，漬け物あるいは酢の物などである．そして，魚介類を原料として調合される調味料まで存在する．それぞれの素材の持ち味を存分に生かした調理法，加工法あるいは保存法が日本各地にある．

　また同時に，鮮魚については生のまま食する（生食）ことも和食の一つの大きな特徴である．ただし，古くは今日のように日常的に魚介類を生食することは沿岸地域で生活する住民を除いてほとんどなく，煮魚や焼魚を日常の主菜として食することが多かった．また，塩漬けや味噌漬けといった保存を目的に海産物を調味料に漬けることも多かった．こうした状況を一変させたのは，冷蔵・冷凍庫の普及（5.2.2 項参照）と物資の流通技術の発達（6.1.2 項参照）である．その結果，調味料としての塩分の摂取量を改善させることになった．また，遠洋漁業の発展により，魚介類の品種も豊富になってきたことは周知の通りである．

2.1.3　寿司文化の広まり

　いまや，代表的な和食の一つである寿司には 1000 年以上の歴史があり，すでに奈良時代には存在していたことが知られている．江戸時代には，寿司といえば「押し寿司」であったが，「握り寿司」を考案したのは江戸前寿司職人であった華屋與兵衛とも堺屋松五郎ともいわれている．明治に入ると，1897 年頃から企業化した製氷のおかげで，氷が手に入りやすくなり，明治の末あたりからは電気冷蔵庫を備えた店もあった．また同時に，沿岸漁業の漁法や流通技術の進歩もあり，生鮮魚介類を扱う運搬管理に関する環境が格段によくなった．これまで酢締め，醤油漬けあるいは火通ししていた素材も生のまま扱うことが次第に多くなった．取り扱う種類も格段に増え，大きかった握り寿司も次第に小さくなり，現代の握り寿司の原型へと変化し始めた．また，1923 年の関東大震災により，壊滅状態に陥った東京から寿司職人が離散し，江戸前寿司が日本全国に広まったともいわれている．

　第二次世界大戦直後の厳しい食料統制のさなか，1947 年に飲食営業緊急措置

令が施行され，寿司店は表立って営業できなくなった．東京では寿司店組合の有志らが交渉に立ち上がり，米1合と握り寿司10個を交換する委託加工として正式に営業が認められるようになり，近畿地方をはじめとして日本全国でこれに倣ったため，日本で寿司店といえば江戸前寿司一色となった経緯がある．戦後，経済の高度成長期になると，衛生上の理由から屋台店は廃止され，廉価な店はあるものの，寿司屋は高級な料理屋の部類に落ち着いた．

一方，海外への寿司の進出に目を向けると，米国で最初の日本料理店がサンフランシスコに開店したのが1887年で，ロサンゼルスではのちにリトル東京と呼ばれる地域に日本食レストランが1893年開店し，1906年には最初の寿司屋が開店した．1962年にガラス製のネタケースが海を渡り，老舗日本料理店の一角に本格的なカウンターを設えた「すしバー」ができた．当初は寿司を食べる欧米人はほとんどいなかったが，1970年代に入ると徐々に欧米社会にも受け入れられ，1970年代後半には寿司ブームともいわれるほどに成長していった．1983年には，ニューヨークの寿司店がニューヨーク・タイムス紙のレストラン評で最高の四つ星を獲得している．現在，寿司は天ぷら，すき焼きと並ぶ和食を代表する料理になっており，日本国外の日本食レストランの多くでは寿司がメニューに含まれている．特に北米では人気が高く，大都市はもちろん，地方都市のスーパーマーケットでも寿司パックや巻き物が売られていることが決して珍しいことではない．

さらに，経済発展が著しい中国，香港，台湾あるいはロシアでも寿司ブームが巻き起こった．元来，これらの国々では魚を生食する文化はなかったが，富裕層を中心に近年急激に愛好家が増えている．日本人が寿司文化を世界中に広めたために，今度は寿司ネタが世界市場で高騰するという皮肉な現象が起きている．また，このように増大した寿司需要による天然生物資源の枯渇を避けるため，生態系にリスクを与えずに捕獲，あるいは人工的に増産可能な養殖などの方法で収穫された魚介類を用いた持続可能なネタを用いた寿司への動きも2005年から米国で始められた．

2.1.4 地方の寿司文化

このように，海外にまで普及してきたわが国の寿司文化であるが，国内でも地方で独自に発展したいくつもの寿司がある．本項でそのすべてを紹介することはできないが，石川県と高知県の地域に根づいた郷土料理としてのブリの寿司を紹

介したい.なお,詳細については料理や寿司に関する専門書などを参照いただきたい.

a. かぶら寿司

かぶら寿司とは,石川県加賀地方産のものが全国的に有名で,塩漬けしたカブ（アブラナ科の越年草でカブラともいう）に切り込みを入れ,その間に日本海の荒波で育ったブリなどをはさんで発酵させた「なれ寿司」のことである（図2.2）.富山県西部など能登地方を除く旧加賀藩の地域で広くつくられている.金沢の冬を代表する料理の一つであり,加賀百万石の藩政時代に武家屋敷に出入りの魚屋がお得意様への正月進物用として考え出したといわれている正月料理である.

独特のコクや乳酸発酵による香りがあり,酒の肴としても知名度が高い.野菜を一緒に漬け込むことから飯寿司にも分類される.古い記録として『金沢市史』には,1757（宝暦7）年頃に年賀の客をもてなす料理として「なまこ,このわた,かぶら鮓」との記述がある.現代でも金沢だけでなく富山などでも,正月の定番料理として愛され,盛んに食されている.

b. へら寿司

へら寿司とは,高知県幡多郡大月町産のものが有名で,獲れたての天然ブリを使った郷土寿司のことである（図2.3）.「へら」とは,漁師が定置網などの漁網を修理するときに使う竹製のヘラという道具（図2.4）に形が似ていることに由来するといわれている.大月町古満目地区がこのへら寿司の発祥地といわれる.古満目地区は,古くよりブリの定置網漁業で栄えた地区で,昔は連日のようにブリの豊漁に沸き,食べ飽きるほどに獲れたという.なかなか泣き止まない子供に「いつまでも泣きよったら,ブリ食わせるぞ」というと,ピタリと泣きやんだと

図2.2　石川県金沢市に伝わる郷土料理ブリの「かぶら寿司」
（写真提供：四十萬谷本舗）

図 2.3 高知県大月町に伝わる郷土料理ブリの「へらずし」
出典：高知県文化広報誌「とさぶし」(https://tosabushi.com/backnumber/vol20/).

図 2.4 漁網補修に使用される竹製道具「ヘラ」(点線枠内)
(画像提供：大月町ふるさと振興公社)

いう逸話が残されている．刺身など通常の食べ方に飽いたこの地方独自の漁師料理でもある．

獲れたてのブリを三枚におろして切れ目を入れ，カタカナの「コの字」型にし，そこに寿司飯を詰め込んだ郷土料理である．脂の乗ったブリの濃厚な美味さを寿司飯の酸味が適度に和らげ，嫌味のない万人向きの味に仕立てられる．ブリを丸ごと1匹使うと豪華絢爛で，大月町ではいまでも祝宴やまつりごとには欠かせないきわめて贅沢な晴れの日のご馳走である．

2.2 ブリと日本人

2.2.1 ブリの名前の由来

　江戸時代の著名な儒学者，本草学者であった貝原益軒が，ブリは「脂（あぶら）多き魚なり，脂の上を略する」と語っており，ブリは脂が多いことから「あぶら」が「ぶら」へ，さらに転訛し「ぶり」となったという説がある．また，寛政 11（1799）年に刊行された『日本山海名産図会』には，「老魚の意をもって年経りたるを老りにより「ふり」の魚という」と記述されている．このほかにも，「古い魚」から「古りたる魚」を経て「ぶり」になったとする説，ブリの身がプリプリしていることに由来するという説，雪の「降り」積もる季節に旬を迎えることに由来するという説など諸説ある．ちなみに，「鰤（ブリ）」という漢字のつくりの「師」は年寄りを意味し，年をとった魚，老魚の意味がある．また，12 月（師走）は特に脂が乗って美味しい「師走の魚」を意味するという説や，利口で漁網に掛けるのが難しいから「師の魚」と呼んだという説もある．

2.2.2 出世魚の呼び名の変化

　出世魚とは，稚魚から成魚までの成長段階において，異なる名称をもつ魚の総称である．江戸時代までは武士や学者には，元服や出世などに際して名前を変える慣習があった．例えば，徳川家康は幼少時の名前が「竹千代」であったことは有名である．このような慣習になぞらえて，成長に伴って出世するように名称が変わる魚を「出世魚」と呼ぶ．成長するたびに名前が変わる出世魚は，縁起がよい魚として門出の席など祝宴の料理に好んで使われる．ブリ，スズキあるいはボラなどは代表的な出世魚である．同じ種類の魚が違う名前で呼ばれるのは，その魚の大きさ，外観の違い，生息域あるいは生態の変化などにその理由がある．

　ブリは代表的な出世魚であるがゆえに成長に合わせて名前が変わり，ほぼ日本全国の海に生息しているので，各地で様々な名前で呼ばれている（表 2.1）．ブリの呼び名は山形地方，富山・石川地方，関東地方，静岡地方，関西地方，九州および四国地方でそれぞれ違う．スズキやボラなどのほかの出世魚では，関東地方と関西地方，あるいは東北地方での名前の違いがあるのに対して，ブリだけが各地方での呼び名が非常に細かく異なっている．それだけ，日本人にとって食文化

表2.1 ブリの成長段階別の地方名

地方＼大きさ	約20 cm	約40 cm	約60 cm	約80 cm
山形	アオコ	イナダ	ワラサ	ブリ
富山・石川	コソグラ	フクラギ	ガンド	ブリ
関東	ワカシ	イナダ	ワラサ	ブリ
静岡	ワカナゴ	イナダ	ワラサ	ブリ
関西	ツバス	ハマチ	メジロ	ブリ
九州・四国	ワカナゴ	ヤズ	コブリ(ハマチ)	ブリ

の観点からも馴染みの深い魚といえる．

2.2.3 東のサケ，西のブリ

　食文化の観点からは，ブリは西日本の魚食文化を代表する魚として，東日本のサケとよく比較される．一般的には年越しに食卓に上る「年取り魚」は，長野県あたりのフォッサマグナを境に東はサケ，西はブリが欠かせない魚といわれている．サケは赤い身の色がめでたく，ブリは出世魚ということでめでたい．その昔，石川県の加賀藩では，初代前田利家の時代から年取り魚として歳暮にブリを贈るならわしがあった．現在でも，富山県や石川県の海岸部の地域を中心に結婚した年の暮れに出世魚のブリにあやかり，嫁婿の出世や娘の嫁ぶりがよくなることを願って嫁の嫁ぎ先にブリを贈り，婚家から半身を嫁の実家に送り返す「歳暮ブリ」の習慣が残っているようである．

　食品会社の調査でも，実際に長野県あたりを境に結果が分かれ，東日本はサケ，西日本はブリが正月の年取り魚として圧倒的に優勢だったと報告されている．現在のように冷蔵・冷凍技術や流通技術が発達しても，人間の舌と地方の食文化とは根強く結びついていることがわかる．ちなみに，新潟県の佐渡は，日本海の寒ブリが獲れることや北前船による交流のため，ブリを食する文化が広まり食文化圏の飛び地となっている．

2.2.4 ぶり街道はノーベル街道

　富山湾で水揚げされたブリは，「越中ブリ」として牛の背に揺られ岐阜飛驒高山に入って「飛驒ブリ」と名前を変え，さらに歩荷（荷物を背負って山越えをする道具を使って運搬する人）に担がれて野麦峠を越えた．冬の野麦峠は豪雪地帯であり，積雪が1mを超えて牛による運搬ができなくなるため，歩荷が背負い

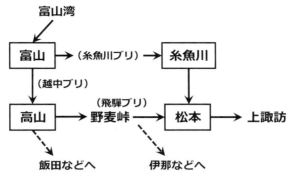

図 2.5 ぶり街道（別名ノーベル街道）（概略図）
□は集積地を示す．

カゴにブリを5〜6尾入れて野麦峠を歩いて越えた．そして，長野県松本から信州の広い地域に正月の魚として運ばれた（図2.5）．松本地方では，ブリをもって年越しを祝う習慣があり，まさに夢のご馳走として貴重品扱いされていた．この重要な交易ルートであった旧飛騨街道は，江戸時代から第二次世界大戦まで飛騨や信州にとって大変重要な役割を果たし，「ぶり街道」と呼ばれた．

このぶり街道は，古くからブリをはじめとして人や物，あるいは情報や文化が運ばれた道としても有名である．最近では，富山から高山までの約90 kmの区間の国道41号沿線にゆかりがあり，日本が世界に誇る著名な研究者である利根川進博士（1987年ノーベル医学生理学賞受賞），白川英樹博士（2000年同化学賞受賞），小柴昌俊博士（2002年同物理学賞受賞），田中耕一博士（2002年同化学賞受賞）ならびに梶田隆章博士（2015年同物理学賞受賞）の5人ものノーベル賞受賞者が，このぶり街道沿線から輩出されている．この5名の世界的著名人にあやかり，ぶり街道は別名「ノーベル街道」あるいは「ノーベル出世街道」とも呼ばれている．

2.2.5 ぶり起こし

富山湾は日本海側最大級の湾であり，日本有数の好漁場の一つである．その富山湾の冬の王者「寒ブリ」は，いまも昔も富山の食卓を代表する味覚である（図2.6）．晩秋から初冬にかけて，富山湾に地響きのような雷鳴とともに，恐ろしいほどの強風が吹き荒れる．この風雪を伴う荒天が，ブリの豊漁を告げる「ぶり起こし」と呼ばれている．由来としては，この時期に漁師がブリ漁のために網を「起

図 2.6　富山県氷見漁港に水揚げされた寒ブリ（写真提供：氷見市観光協会）

こす」のと，寝ているブリを「起こす」という意味をかけているといわれている．この雷鳴が本格的なブリ漁のシーズン到来を告げる．同時期のブリの漁獲統計で，低気圧や寒冷前線が能登半島付近を通過後に，まとまったブリの漁獲があることがこれまでの傾向からすでにわかっている．

　身が引き締まり，醤油を寄せつけないほど脂の乗り切ったこの時期の寒ブリは，現在も絶品食材として高値で取引される．富山湾の一部の地域では，娘が嫁入りした年の暮れには実家から嫁ぎ先に寒ブリを贈る風習があり，これはブリにあやかって娘婿の出世を願う親の気持ちの表れとされている．

2.2.6　海外も注目する「魂を揺さぶる食材」

　2013 年 12 月に「和食；日本人の伝統的な食文化」がユネスコの無形文化遺産に登録されて以来，海外からの和食ブームがより一層過熱していることは読者諸兄もよくご存知のことである．日本人は魚介類をよく食べる民族として世界中に知られており，それが健康長寿の秘訣ともいわれている．

　日本人が最もよく食する魚の一つがブリである．2017 年 6 月には中国メディアもブリを紹介する記事を掲載した．成長段階ごとに名前の変わる出世魚であること，寒ブリの肉質や脂の乗りが素晴らしいこと，北陸や西日本地域では正月には欠かせない食材として愛されており，日本人の日常生活において重要な位置を占めていることなどが紹介されている．料理法についても言及し，生でも加熱しても非常に美味であり，特に，握り寿司については「豊かな脂とご飯の甘さがほ

どよく混じり合い,そこにワサビの辛さが相まって,われわれの魂を揺さぶる」と絶賛している.国は違っても,美味いものは美味いのである.　　〔**虫明敬一**〕

3 天然資源の生態と動向

 3.1 ブリ漁業の歴史

ブリは日本各地で多様な漁法によって漁獲されている．では，わが国ではいつ頃からブリを漁獲し，食材として利用していたのであろうか．また，ブリを獲る漁具をいかに改良し，発展させてきたのであろうか．本章ではこれらの疑問について，先行的に行われた研究（宮本，1954；山口，1957；秋道，2003）に準じ，これまでのブリ漁業の歴史を振り返るとともに，得られた知見などを紹介する．

3.1.1 江戸時代以前のブリ漁業

ブリは先史時代の遺跡から発見されて，古くから利用されていたようであるが，中世に至るまではブリを捕獲する技術そのものが未熟で，いわゆるブリと呼ばれる大型魚は食用を目的に大量には漁獲できなかったものと考えられる．文献として最初に登場するのは，平安時代中期である．『倭名類聚鈔』に「波里万知」とあるのはブリであるとされる．しかし，当時はブリには微毒があるとされ，生食は好まれず，貴族よりも庶民の食する魚とされていた．このためか，同時期に編纂された律令の施行細則『延喜式』の中にも，水産貢献品としてブリが宮中に貢納されたとの記載はない．

ブリの漁獲が徐々に広まったのは，鎌倉時代から室町時代に日本海側からと考えられ，当時の国語辞典『下学集』にはブリやハマチの名前が記されている．14～15 世紀には漁法は不明であるが，北陸地方では網を用いたブリ漁が行われていたようである．また，寒ブリで有名な富山県氷見地方では 1595 年 11 月に京都の前田利家よりブリを 17 本献上するよう指示された記録が残されている．旧暦 11 月という真冬の時期に，現在と同様にブリが漁獲され，京の都で珍重されていたことを物語っている．当時は刺網や定置網といった漁法でブリが漁獲されて

いたと推察される．これらの漁法の起源については必ずしも明らかではないが，明応年間の1490年頃には京都の丹後伊根で建刺網が，1580年頃の戦国時代末期には富山湾で定置網の一つである台網による漁業が行われていたという．

3.1.2　江戸時代のブリ漁業

　江戸時代に入るとブリは徐々に重要な漁業対象となり，『毛吹草』には「丹後伊根浦鰤」，「出雲友浦鰤」，「壱岐鰤」あるいは「対馬鰤」の名があり，日本海側のブリの回遊経路にあたる各地方でブリ漁業が発達していたことをうかがい知ることができる．ほかにも，日本海側では加賀，能登，越前，若狭，隠岐あるいは長門で，また，太平洋側では安房，伊豆，紀伊，土佐，大隅あるいは薩摩と，現在の主要なブリ主産地とも一致する日本各地でブリ漁業が行われていた．現在，ブリは主に定置網とまき網で漁獲されるが，当時は海中に設置した建刺網でブリを漁獲していたようである．

　建刺網の敷設方法も地域によって異なっていた．丹後伊根での建刺網は，網地に麻糸を使用し，網目が7寸4分(22.4 cm)，高さが5間(9 m)，長さは20間(36 m)に仕立て，2把を連結して一統とした．浮子には桐木，沈子には石が用いられていた．網の下部は海底には接地せず，海中に浮遊する形で直線的に設置された．漁期中は網を設置した翌朝に網を揚げ，網に刺さったブリを漁獲し，代わりの網を敷設した．使用後の網は乾燥させ，翌日に再び使用した．丹後伊根では建刺網を一直線に設置したが，その他の地域では，網を曲線型または鍵型にし，海底に立てるように設置した．曲線型の建刺網は肥前，筑前あるいは土佐など西日本で多く，鍵型の建刺網は伊豆や安房など東日本で多く用いられた．江戸時代の網の構造などについては，十分な情報が得られていない．明治期の文献によると，肥前の曲線型の建刺網の例では，網地には麻糸や手先藁縄が用いられ，麻糸網は目合いが6寸6分(20.0 cm)，高さは7尋(13 m)，長さは96尋(175 m)であったのに対し，手先藁縄網は目合いが1尺(30.3 cm)，高さは7尋(13 m)，長さは20尋(36 m)であった．浮子は桐木，沈子には楕円形の石を用い，複数の網を連結して使用していた．ブリ漁獲後は再度網を海中に設置して繰り返し使用し，1週間ほど経過すると，網を替えて修繕していたと記録されている．また，伊豆の鍵型の建刺網の例では，目合いが6寸4分(19.4 cm)で，長さは10尋(18 m)，浮子丈は7尺5寸(3 m)に仕立て1切とし，10切で湾内に鍵型に網を設置した．そして，曲線型の建刺網と同様に沖に向けて連結して敷設した．毎日，朝昼夜に

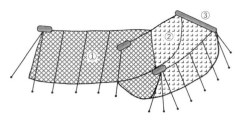

図 3.1 台網（宮本，1954 の挿図より作成）
①垣網，②身網，③台．

網を揚げてブリを漁獲し，その後，再び海に戻し，4日後に網自体を交換していたようである．

　富山湾では，江戸時代に台網と呼ばれる定置網による漁業が行われていた（図3.1）．垣網と身網からなり，岸から沖に向けて設置した垣網に沿ってブリが遊泳し，自然に身網に入り，それを漁獲する仕組みである．しかし，一度入網したブリは容易に網の外に出ることができ，今日使用されているブリの定置網と比較すると，非常に粗放的な構造であった．網地の素材には藁が使われ，身網の開口部の幅は 35 尋（63 m）であった．身網の開口部から奥に向かうにつれて細かい目合いの網が用いられた．身網の首部に「台」と呼ばれる大きな浮木を取り付けることから，台網と呼ばれたといわれている．

　建刺網，台網のほかには，常磐から三陸沿岸で流網による漁業，大阪湾一帯，周防灘，伊予あるいは対馬などで，小型のブリを対象とした地曳網による漁業が行われていた．また，薩摩ではキビナゴやイカなどの生餌を用いた釣りが，長門，筑前，隠岐あるいは肥前などの西日本沿岸では曳縄や延縄による漁業も行われていた．

　江戸時代から第二次世界大戦前までの冷蔵技術が未発達な時代にあっては，鮮魚よりも塩漬け（塩ブリ）や干物に加工されていた．塩ブリは毎年，松江，富山，弘前，対馬，福井，丹後あるいは若狭から幕府に献上されていたといわれている．ブリは年取り魚として，また，西日本では塩ザケの代わりに塩ブリを正月の魚として食する習慣があり，相当量が消費されていたものと考えられる．例えば，富山湾で漁獲されたブリは塩漬けにされ，内陸部に運ばれた．2.2.4 項でも詳述したように，現在の富山県から岐阜県高山市にかけての国道 41 号線のルートはぶり街道（別名ノーベル街道；2.2.4 項を参照）とも呼ばれ，江戸時代から塩ブリが運ばれ，年越しには欠かせない魚となっていた．

3.1.3　明治時代から戦前のブリ漁業

明治時代の初め頃のブリの漁法は，江戸時代と大きな違いはないが，1877（明治 10）年頃に鹿児島県の知覧周辺で，飼付釣漁業が始まり盛んになった．これは従来の活餌釣りを工夫・改良し始まったもので，ブリの漁場に大量の餌をまき，一定の海域にブリを根付かせて定着させ，それを釣りなどで漁獲するものである．餌の投入は漁船十数隻，漁業者 100 人以上が協力して行う大規模なものであった．餌の経費や漁獲量の増減変動があるため，個人経営ではなく，地域の共同体によって実施されていた．飼付釣漁業はその後，明治時代後半から昭和にかけて高知県，長崎県，三重県，山口県，島根県あるいは福岡県など西日本の各地で導入された．また，ブリを餌付けする技術と経験は，戦後の給餌養殖の原型にもなった．

ブリの漁法の大きな変化は，1892（明治 25）年，宮崎県の日高亀市，日高栄三郎（日高父子）による日高式大敷網の発明による（図 3.2）．日高式大敷網の身網は，奥行き 110 尋（200 m），開口部が 60〜70 尋（109〜127 m）と富山湾に設置されていた台網の 2 倍の大きさであった．また，身網の素材も従来の藁製のものから，綿糸を使用することで，耐久性が増している．網が軽くて丈夫であり，強い潮流にも耐え，より沖合に設置でき網揚げも容易なこと，また，昼間操業可能なことから 1 網での漁獲量も大幅に増加した．身網の開口部が大きいことから，魚群が入りやすい反面，出やすい構造である．そのため魚群が網の中に入ってくるかどうかを見張り（魚見）が一日中監視していた．日高式大敷網は，明治 30〜40 年代にかけて急速に日本各地に普及し，従来の台網，建刺網に代わり最も

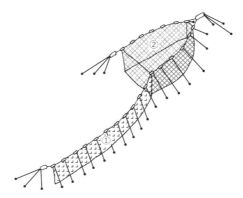

図 3.2　大敷網（宮本，1954 の挿図より作成）
①垣網，②身網．

重要な漁法となった．現在でも定置網を大敷網と呼ぶ地域がある．構造自体は日高式大敷網とは異なるが，従来の台網，建刺網に代わり漁獲効率も大きく増加し，漁獲高の向上に大きく貢献したことから，定置網と大敷網を同義として扱い，現在に至っているものである．

大敷網を発明した日高父子は，1910（明治43）年には日高式大謀網を考案した．身網が楕円形で，その下の一部が網口になっており大敷網より魚群は入りにくいが，魚群が入ると入口の網を閉めて，魚群の逃避を防ぐことができた（図3.3）．このような構造の定置網は，もともと東北地方でマグロを対象に江戸時代から行われていたが，日高父子がブリも漁獲できるよう改良を施した．また，1912（大正元）年には富山で上野八郎右衛門により上野式大敷網が考案され各地に広まった．魚のたまり場を設け，網口を小さくして魚を逃げにくくし，魚を導く垣網に対し横向きの身網と角戸網をほぼ横長の楕円形にして設置したものである．大敷網との名がつくが，構造は大謀網の特徴をもっている．大正時代末期には，日高式大謀網と上野式大敷網が，日高式大敷網にとってかわりブリ漁業の主力となった．

1919（大正8）年頃に高知県で省人化に優れた土佐式ブリ落網が考案された．囲網から箱網へ入る入口に登網をつけた構造で，一度箱網に入った魚は抜け出すことができない仕組みである（図3.4）．このような構造の定置網は北陸や北海道，東北地方で明治時代から存在していたが，土佐式ブリ落網はブリを漁獲できるように考案・改良されたものである．箱網へ入る入口に登網をつけた構造のため，大敷網や大謀網より好不漁の差が小さく漁獲量が安定する傾向がある．また，箱網のみを引き上げればよく，漁獲に際し，大敷網や大謀網は漁船十数隻，漁業者100人ほどを要する大規模なものであったが，落網は，漁船3隻，漁業者30〜40

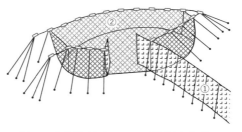

図3.3 大謀網（宮本，1954の挿図より作成）
①垣網，②身網．

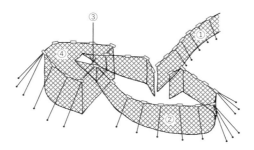

図 3.4 土佐式ブリ落網
①垣網, ②囲網, ③登網, ④箱網.

人程度で水揚げが可能なことから，省力化にもつながる．これらの利点があったものの，全国各地に普及したのは昭和になってからである．

明治中旬から戦前にかけて台網，大敷網，大謀網，落網と定置網はその構造に改良が重ねられ，使用する材料についても藁から麻，綿へと改良が重ねられてきた．最終的に大型かつ，身網に入網したら逃げられない仕組みの落網の構造の定置網が全国に普及していった．そして，落網をもつ構造は，現在の定置網に受け継がれている．

3.1.4 戦後のブリ漁業

1950 年代にかけて，網地やロープ，浮子など様々な定置網の材料が天然素材から合成素材へと変化した．例えば，網地は常時海中に沈めていることから，綿糸などの天然素材では腐敗による劣化，強度の低下は避けられないが，合成繊維の利用はこれらの欠点を克服した．またメンテナンスの省力化にも大きく貢献した．定置網の構造も，越中式落網に変わり広く日本全域に普及し，昭和 40 年代には従来の箱網の先端にもう一つ箱網を取り付けた越中式ブリ二重落網へと技術の改良が進められた．また，金庫網を設け，網に入ったブリを一度に漁獲するのではなく，網の中で生かし，水揚げする技術もある．定置網には毎日一定量のブリが入網するわけではないので，好不漁の影響を軽減する工夫でもある．

戦後の定置網の漁獲量については，1950 年代は年平均 3.2 万 t であったが，その後減少し，1960 年代は 2.1 万 t，1970 年代は 1.7 万 t，1980 年代は 1.5 万 t にまで落ち込んだ．その後は増加傾向で，1990 年代は年平均 2.1 万 t，2000 年代は 2.6 万 t，2010 年以降は 4 万 t を超える水準となっている．

戦後のブリの漁獲は定置網に加え，まき網によるものも徐々に増加している．まき網漁業の特徴は，大きな網で魚群を漁獲するもので，網の大きさは，大きなもので長さ1700 m，深さ200 mほどである（図3.5）．また，複数の船が1つの船団をつくり協力し漁を行う．船団は大きな網を乗せている「網船」，網船をサポートする「レッコボート」，魚群を探す「探索船」，獲った魚を運ぶ「運搬船」で構成されている．網船は1艘のものと2艘のものがある．探索船が発見した魚群の周りを，網船は大きな円を描くように進みながら，網を海に落とす．網は少しずつ沈み，魚群を取り囲む．網の一番下についているワイヤーを引き締める．そうすると網は大きなザルのような形になり，魚は逃避することができない．ブリはマサバやマイワシより沿岸に魚群が形成されることもあり，マサバやマイワシより小型の網が使われることもある．このようにして捕まえた魚は運搬船に積み込まれ，港に輸送され水揚げされる．

まき網によるブリの漁獲は，東シナ海，日本海側では九州から北陸にかけて，太平洋側では豊後水道の周辺，三重県の周辺，千葉県から青森県に至る東北地方沿岸などで行われている．漁獲量は1980年代までは年平均で1万tに満たなかったが，その後増加傾向で，1990年代は年平均1.6万t，2000年代は2.9万tとなった．さらに，2010年以降の漁獲量は年平均5万tを超え，定置網と同程度の水準となっている．まき網によるブリ漁獲量の推移は単調増加であるが，まき網はマイワシやマアジ，サバ類といった魚種を主な漁獲対象としており，これらの資源の影響もあり，一概にブリの資源量に比例してまき網の漁獲量が変動するわけではない．

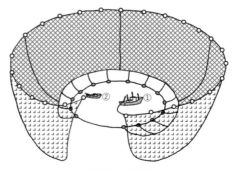

図3.5 まき網
①網船，②レッコボート．

戦後は冷蔵・冷凍技術の発達，道路網の整備などにより，西日本中心であったブリの消費が全国各地に広がった．今日ではブリの調理法も刺身，煮物（ブリ大根），焼き物（照り焼き，塩焼き），鍋物，吸い物，揚げ物（から揚げ，竜田揚げ）など多様である．また全国各地の自治体で冬が旬の魚として，付加価値向上の取り組みが行われている．北陸地方では冬に定置網によって漁獲される，産卵のため南下する脂が乗って丸々と太ったブリは寒ブリと呼ばれ，各県でブランド化の取り組みも行われている．　　　　　　　　　　　　　　　　　〔亘　真吾〕

文　献

秋道智彌（2003）．日本の漁村・漁撈習俗調査報告書集成 8 近畿地方の漁村・漁撈習俗（大島暁雄監修），pp.23-28，東洋書林．
宮本秀明（1954）．定置網漁論，河出書房．
山口和雄（1957）．日本漁業史，東京大学出版会．

3.2　ブリの資源変動と資源評価

3.2.1　ブリの資源評価
a.　ブリ資源の状態

　ブリは日本全体で 10 万 t 近く漁獲されるわが国の重要な魚種の一つである[*1]．また，ブリの天然魚と養殖魚を合わせた漁業生産額は 1500 億円にのぼり，わが国の漁業生産総額 1.5 兆円の約 1 割に相当する．養殖の種苗も天然資源を採捕することで成り立っていることから，天然のブリ資源が日本の 1 割の漁業生産を支えているともいえる．ブリの資源の状態は，国立研究開発法人水産研究・教育機構と都道府県の水産研究機関が協力し，漁業や生物情報の収集とその解析を行い，資源評価が毎年行われている．以前は太平洋側と日本海側で別々に評価していたが，産卵場が東シナ海で共通であること，日本海を南下した親も東シナ海で産卵するが，子が太平洋へ輸送されること，遺伝的差異が認められないこと，また太平洋側と日本海側の資源の変動パターンが独立していると考えられないことか

[*1]　わが国の漁獲統計は，ブリ，ヒラマサおよびカンパチ類（カンパチとヒレナガカンパチ）を合計したブリ類として公表されており，ブリ単体での漁獲量は統計として把握することができない．しかし，わが国のほとんどの地域では，ブリ類のうちブリが大半を占める．このため，3.2.1，3.2.2 項においてはブリ類の漁獲量はほぼブリの漁獲量に等しいとして扱うこととする．

ら，2005年から日本全体を1つの系群として資源評価がなされている．

ブリの資源評価には，コホート解析と呼ばれる年齢別の漁獲尾数から年齢別の資源尾数を推定する方法が用いられている．一般的に魚類は，耳石や鱗といった年齢形質を使用し年齢を査定し，漁獲量と年齢組成の情報から毎年の年齢別漁獲尾数を推定する．一方，ブリは漁業現場で「ワカシ」，「イナダ」，「ワラサ」，「ブリ」と体サイズによって区分した銘柄で取り扱われる．ブリは成長が速いため，例えば，「ワカシ」は0歳，「イナダ」は1歳，「ワラサ」は2歳，「ブリ」は3歳以上といったように，同時期に漁獲されるブリの銘柄の違いは年齢の違いに相当する．そこで，銘柄別の漁獲量，銘柄の平均体重を調べることで，漁獲物の年齢別の漁獲尾数を推定することができ，その情報をコホート解析に用いている．銘柄は日本全国の地域によって，名称，体重の区分範囲も異なる．例えば1kg以下の0歳に相当する銘柄だけでも，「アオ」，「アオコ」，「アブコ」，「コゾクラ」，「ショッコ」，「ツバイソ」，「ツバス」，「バチロ」，「フクラギ」，「ワカシ」，「ワカナ」など，日本全国で多様なものが存在する．また，ブリ全体を3つの銘柄に分ける地域，4つや5つに分ける地域などある．このため，地域ごとの銘柄の区分の基準の違いを踏まえた，年齢分解が行われている．

資源量推定は，漁獲物の年齢組成の推定に必要な情報が十分にそろう1994年以降について実施されている．この間ブリは一貫して増加傾向で，1994年と2016年を比較すると資源量は13万tから26万tに，漁獲量は5万tから10万tにいずれも倍増している（図3.6）．資源全体のうち漁獲される量の割合は40％前後と横ばいで推移していることから，1990年代後半以降の漁獲量の増加は，定置網の設置数や漁船の数が増加したためではなく，日本周辺に生息する資源そのものの増加に伴うものであると考えられる．資源量推定は1994年以降につい

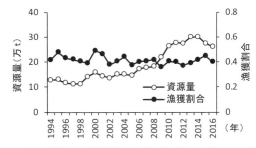

図3.6 ブリの資源量と漁獲割合の推移（久保田ら，2018より作成）

てのみ実施されており，ブリの資源変動の一部の期間を扱っているにすぎない．このため資源の水準は1952年からの情報が利用できる定置網の漁獲量の推移をもとに判断している．定置網の情報に基づく理由としては，定置網が設置されている海域，統数は戦後大きな変化はなく，日本周辺のブリの資源が多ければ定置網で多く漁獲され，資源が少なければ漁獲されないとの考えに基づいている．わが国の資源評価では資源の水準を「高位」，「中位」，「低位」の3段階に分類している．ブリの長期的な資源水準は1950年代に高位から中位になり，その後1990年代半ばまでは低位であった．2000年代以降は増加傾向で中位となり，2010年以降は高位と判断されている（図3.7）．

　資源量推定に用いられるコホート解析の特徴として，親子関係も把握できることがあげられる．1994年以降の親魚量と加入（子）量の関係をみると，現在は親魚量も多く，加入量も多い状態にある（図3.8）．また，親魚量からどの程度の子が生まれるか，親子関係を仮定することで，将来の加入量の見積もりが可能となり，漁業の強さを変化させた場合の将来の期待される漁獲量を算定することも

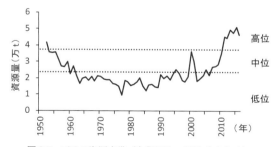

図3.7　ブリの資源水準（久保田ら，2018より作成）

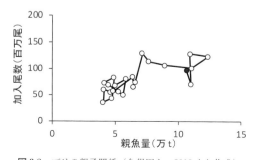

図3.8　ブリの親子関係（久保田ら，2018より作成）

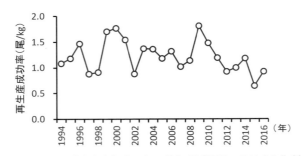

図 3.9 ブリの再生産成功率（RPS）の推移（久保田ら，2018 より作成）

できる．算定される漁獲量のうち，生物学的に資源をとりすぎない量を生物学的許容漁獲量（allowable biological catch：ABC）という．近年のブリのABCは10万t程度と算定されており，近年の親子関係が継続すれば，現状の漁獲圧であっても資源が減少することはないとされている．ここで，再生産成功率（recruitment per spawning：RPS）と呼ばれる親魚量1 kg当たり何尾の加入があったかという比率の推移をみると，1994年以降，変動はあるもののおおむね1.0尾/kg前後で推移している（図3.9）．しかし，2015年の再生産成功率は1994年以降最も低い値である．仮に2015年のような再生産成功率が低い年が今後も継続すると，親の量が同じでも子の量が少なくなることから，資源は減少する事態を迎える．このため，今後の再生産成功率の動向を注視する必要がある．

b. ブリの資源管理

一般に資源管理の手法を大きく分けると，使用可能な漁具や漁法，漁期の長さをあらかじめ設定することで，漁獲圧を制限する「投入量規制（インプットコントロール）」，資源の状況などを踏まえ漁獲してよい量をあらかじめ設定することで漁獲圧力を規制する「産出量規制（アウトプットコントロール）」，産卵期の休漁，漁具の網目を大きくするなどして，産卵親魚や小型魚の保護する「技術的規制（テクニカルコントロール）」の3つに分類できる．「産出量規制」には水産庁が日本全体の年ごとの漁獲可能量（total allowable catch：TAC）を決めるTAC制と，1つの県や海域単位で漁獲量を設定する場合がある．TACについては，国連海洋法条約の批准に伴い，1997年からサンマ，スケトウダラ，マアジ，マイワシ，サバ類，ズワイガニの6種について，また，1998年にはスルメイカが追加され，計7種が対象魚種となった．ブリについても漁獲量の多さ，その経済的重要度からTAC対象魚種に加えるべきとの議論はあるが，現時点ではTAC対象

魚種には指定されていない．

　現在わが国のブリは基本的に「投入量規制」に基づいて漁業管理が行われている．定置網の場合，網を設置する権利が，漁業権によって漁協や個人，法人に与えられるので，自由に設置することはできない．また，まき網は農林水産大臣や都道府県知事の許可に基づいて操業を行う．まき網においては，ブリは必ずしも主漁獲対象ではないが，マイワシやマサバ，マアジなどほかの魚種とも操業可能な海域の設定や，休漁期間などのルールが定められている．

c. ブリの漁況予報

　近年のブリ資源水準は高位水準であるが，毎年，日本全国どこでも豊漁になるわけではない．ブリは水温の変化を敏感に感じ取り，冬は低い水温の海域を嫌い高い水温の海域を好む．このため夏に北日本で過ごしたブリが，産卵のため東シナ海に南下する際も，海の中の水温の違いに伴い，年により遊泳するルートが変化する．例えば，北陸地方の冬季の南下回遊ルートは能登半島沖から山形県沖の日本海の冷水塊と暖水塊の位置関係により沿岸寄りを通るか否かが決まる．ブリを漁獲するため沿岸に設置されている定置網に入るか，沖合を回遊し定置網を通過するかで，南下回遊する資源量が同じであっても，好漁か不漁かが変わってしまう．富山湾では山形県沿岸の水温が高く，沖合の水温が低い方が，ブリが多く来遊することが知られている．このため，寒ブリの産地として有名な北陸地方では，北上期のブリの水揚量をもとに南下回遊する資源量の豊凶を見積もり，日本海の冷水塊と暖水塊の位置関係の予測値を用いて，それらが各県の定置網でどの程度漁獲されるか，毎年漁業者，水産加工業者に情報を提供している．

3.2.2　ブリの資源変動

a. レジームシフト

　地球規模の環境変動は生息海域の水温，餌の状態などを変化させ，魚類の資源を変動させる要因となる．このような気候変動は，レジームシフトと呼ばれ，「大気・海洋・海洋生態系から構成される地球環境システムの基本構造（レジーム）が，数十年の時間スケールで転換（シフト）すること」と定義される．レジームシフトは冬季の北半球の海面水温の長期変動から，1920，1940，1950，1970，1980年代にそれぞれ起こったとされる．

　レジームシフトは魚類の資源量や漁獲量変動にも大きな影響を与えることが知られている．マイワシやカタクチイワシ，マサバといった小型浮魚類は数十年周

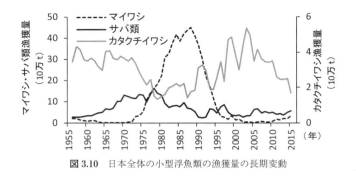

図 3.10 日本全体の小型浮魚類の漁獲量の長期変動

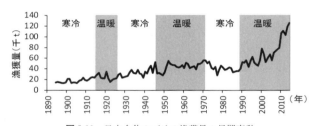

図 3.11 日本全体のブリの漁獲量の長期変動
グラフ背景の白は寒冷レジーム期，灰色は温暖レジーム期を示す．

期の環境変動に伴って資源量が大きく変動し，漁獲量も大きく変化してきた（図3.10）．例えば，マイワシは寒冷レジーム期である1980年代には100万tを超える水準で漁獲されていたが，1990年代以降は温暖レジーム期[*2]に移行し数万t程度にまで減少した．

　ブリについても海水温の変化に伴い，越冬海域や回遊するルートが変化し，漁獲に影響を与えることが知られている．しかし，図3.11に示すように，日本全体の過去100年以上のブリの漁獲量の推移をみると，一貫して右上がりの傾向を示しており，小型浮魚類のように数十年周期の気候変動に伴う変動傾向を示さない．しかしながら，この増加傾向の一因には人的要因も含むと考えられる．特に戦前までの増加は資源量の増加を反映しているというより，3.1節で述べたような定置網や飼付釣漁業などの，ブリを漁獲する技術の向上も背景にある．また，戦後はまき網漁業による漁獲する技術の向上，ほかの漁獲対象魚種との関係も影

[*2] 本項では既往の研究結果を参考に，1914年以前，1926～1945年および1971～1988年を寒冷レジーム期，1915～1925年，1946～1970年および1989年以降を温暖レジーム期と区分した．

響している.

b. 地域的なブリの漁獲変動

日本全体のブリの漁獲量の長期変動は単調増加傾向で,気候変動との明瞭な関係性は示さない.しかし,日本列島を北海道,日本海北部,日本海西部,太平洋北部,太平洋中部,太平洋南部,九州西部,鹿児島と分けて示すと地域ごとに全く異なる漁獲量の変動傾向を示す(図3.12).温暖/寒冷レジーム期との対応関係が最も明瞭なのが北海道である.北海道では温暖レジーム期に漁獲が増加するものの,寒冷レジーム期には漁獲がほぼゼロになる傾向がみられる.北海道では定置網による漁獲が主体であり,寒冷レジーム期に漁獲量がほぼゼロとなることは,分布の北限が北海道以南に下がったものと推察される.そして,太平洋北部と日本海北部では寒冷レジーム期であっても温暖レジーム期よりは少ないものの一定量の漁獲が存在する.これらのことから,寒冷レジーム期には北海道と本州北部の間に分布の北限が存在し,温暖レジーム期には北限がより北に位置することを示唆する.これと真逆の対応関係にあるのが分布の南限にあたる鹿児島県である.ここでは,寒冷レジーム期には漁獲が増加し,温暖レジーム期に減少する傾向がみられる.一方で,分布域の中央部に位置する日本海西部,太平洋中部,太平洋南部,九州西部の漁獲量の変動は,北海道や鹿児島とは異なる傾向を示す.日本海西部は図3.11の日本全体の漁獲量変動と類似した傾向を示す.日本海西部は

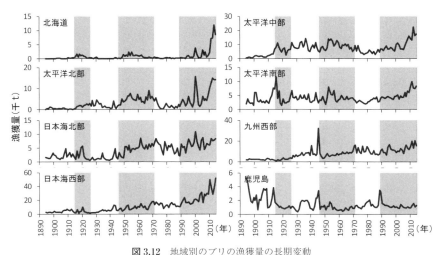

図3.12 地域別のブリの漁獲量の長期変動
グラフ背景の白は寒冷レジーム期,灰色は温暖レジーム期を示す.

まき網による漁業も盛んであることから，人為的な要因も大きく関係していると考えられる．また，太平洋中部，太平洋南部，九州西部は漁獲量の変動幅がほかの海域と比較して小さく，温暖/寒冷レジーム期の変化に伴う明瞭な増減の変化はみられない．

　資源変動と環境要因との関係について漁獲量重心（日本全体の漁獲量の中心がどこにあるか）の観点から調べた宍道らの研究がある（宍道ら，2016）．なお，漁獲量重心とは，各都道府県におけるブリ類漁獲量と各都道府県庁所在地の緯度・経度から，国勢調査における人口重心の算出方法と同様の手法を用いたものである．日本のブリの漁獲量重心はおおむね瀬戸内海から近畿地方に位置する．そして，1896年以降の長期的な変動をみると，漁獲量重心が北東寄りにあった年代と南西寄りにあった年代の切り替わりのタイミングは，レジームシフトが発生したとされる年と一致していた．寒冷レジーム期の漁獲量重心は南西方向（瀬戸内海周辺）へ，温暖レジーム期の漁獲量重心は北東方向（京都府周辺）へシフトする傾向がみられた（図3.13）．このように漁獲量重心をみることでも資源変動の傾向をつかむことができる．

　地域別漁獲量の推移や漁獲量重心の変化は，ブリが水温環境の変化に対応して分布域を変化させていることを示唆している．北海道や鹿児島県の漁獲量の長期変動，ブリ類漁獲量重心の長期変動は気候のレジームシフトに対するブリ資源の生息範囲の変動を反映している．また，図3.7をみると1970年代の寒冷レジーム期より1990年代以降の温暖レジーム期の方が資源水準が高い．温暖レジーム期には，寒冷レジーム期と比較して，生息南限および北限の双方が北上するが，

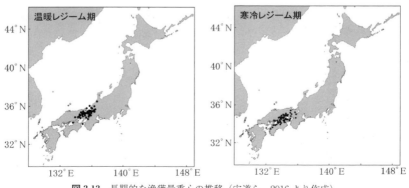

図3.13　長期的な漁獲量重心の推移（宍道ら，2016より作成）

前者より後者の北上速度が速いために結果的に生息可能な範囲が拡大するので現存量も増加すると考えられる．

c. ブリと地域的海洋環境との関係

分布の北限，南限の海域では漁獲量とレジームシフトの関係性がみられるが，分布の中心では明瞭な関係はみられない（図3.12）．しかし，これらの地域でもこれまでの研究から，地域的な海洋環境の変化に伴い，分布回遊様式が変化することが知られ，漁業にも影響を及ぼすことが明らかになっている．精力的な調査研究が実施されてきた富山湾では，湾内の水深50 m層における3～4月の平均水温と富山県の定置網における大型魚の漁獲量は，水温上昇と漁獲量の増大が対応していることがわかっている．越冬海域の形成には，最低水温期の水温が大きく影響するものと推測され，水温9℃以上の海域ならば越冬が可能であるとみられた．1980年代と1990年代の3～4月の水温分布を比較すると，1990年代は日本海北部に9℃以上の海域が拡大した傾向がみられ，これが1990年代を境にしたブリの分布・回遊様式の変動要因の一つである可能性が示唆されている．

1980年代以前においても，日本海側では，対馬から佐渡島に至る日本海沿岸域の定置網における銘柄別漁獲量の変動傾向から，1960年代以前と比較して，1970～1980年代は成魚の分布域が縮小するとともに若齢魚の分布域が西偏したことが示唆されている．また，太平洋でも成魚の分布回遊様式は年代によって変化する可能性が指摘され，1920～1930年代では東北から熊野灘まで，および熊野灘から四国・九州までの回遊群が，1960年代では東北から相模湾まで，および相模湾から四国・九州への回遊へと変化したとされる．しかしながら，これらの年代間の分布や回遊様式の変化と海洋環境との関係性については，十分に検討されていない海域もある．ブリの生態を理解し，適切な資源管理につなげるためには，今後十分な解析が必要と考えらえる．

近年，北西太平洋では小型浮魚類の中で，これまで資源状態が低調であったマイワシ資源が増加し，逆に好調であったカタクチイワシ資源が減少する寒冷レジーム期の特徴がみられるのと同時に，北海道では依然漁獲が好調で，分布域に北海道が含まれる温暖レジーム期の特徴の双方がみられる．ブリについては現在高水準であるが，これまでも気候変動に伴い分布回遊域を変化させ，日本列島の各地の漁獲に影響を与えてきた．このため，今後，分布域，移動回遊経路，時期などの生態的特徴がどのように変化していくかは水産業上きわめて重要であり，注視していく必要がある．

3.2.3 カンパチ類の漁獲量の推移

前述したようにわが国の漁獲統計は，ブリ，ヒラマサおよびカンパチ類（カンパチとヒレナガカンパチ）を合計した「ブリ類」として公表されている．このためカンパチ類はブリと同様に，魚種単体での漁獲量を統計から把握することができない．しかし，日本各地で漁獲されるブリ類のうちブリが大半を占めていることから，ブリ類の漁獲量はほぼブリの漁獲量を示しているものとして扱われている．しかし，カンパチ類はブリより温暖な水域に生息することから，わが国の低緯度の海域ではブリ類の漁獲の主体はカンパチ類である．以下に，鹿児島県の海域ごとにブリ，ヒラマサおよびカンパチ類を魚種別集計した宍道（2014）の研究をもとに，カンパチ類の漁獲量の推移を紹介する．なお，カンパチ類にはカンパチとヒレナガカンパチの2種が含まれるが，鹿児島県内でも両種を区別して取り扱う漁協と区別しない漁協があるため，本書では両種をまとめてカンパチ類として取り扱う．

鹿児島県全体では，1998〜2011年にかけてのブリおよびカンパチ類の平均漁獲量は，それぞれ738 tおよび286 tで，ブリの方が多い．一方，屋久島や種子島では，それぞれの平均漁獲量は12 tおよび69 tで，逆にカンパチ類が85%を占める．さらに南の奄美群島では，ほぼ100%カンパチ類で平均漁獲量は28 tであり，ブリはごくまれに漁獲される程度である．これらの海域のカンパチ類の漁獲量には減少傾向がみられる．この現象が海洋環境に由来するのか，漁獲努力量の減少に由来するのか，十分な分析は行われておらず詳細は不明である．鹿児島県本土では70%以上がブリであるが，低緯度の海域ほどその割合は低下し，カンパチ類の占める割合が増加する．カンパチ類がブリよりも南方系の魚種であることを物語っているといえよう．

なお，両種を区別している漁協においては，カンパチ類の漁獲量のうちヒレナガカンパチの占める割合は，鹿児島県北部では1%以下であるが，鹿児島県最南端の与論島では78%であり，南の低緯度海域の方がヒレナガカンパチの割合が明らかに高い．カンパチ類はブリに比べて，低緯度の海域ほど生息密度が高いと推察されることから，わが国周辺海域の水温の上昇傾向に伴って，カンパチ類の生息範囲や資源量がどのように変化するのか，また，それに伴う生態系や漁業生産への影響などについては，今後の検討を待たなければならない． 〔亘　真吾〕

文　　献

久保田　洋・古川誠志郎ほか（2018）．平成29年度我が国周辺水域の漁業資源評価（水産庁増殖推進部・水産研究・教育機構），pp.1226-1299．

宍道弘敏（2014）．鹿児島県海域におけるブリ類の魚種別漁獲量．鹿児島県水技セ研報，5，1-6．

宍道弘敏・阪地英男ほか（2016）．漁獲量重心の変動からみたブリ類の漁獲量変動．水産海洋研究，80，1-8．

 ## 3.3　分布・回遊

3.3.1　ブリの分布域

　ブリの分布域は，わが国周辺をはじめとする東アジアの温帯域である．近年は海水温の上昇の影響か，分布域がより北へ広がっており，わが国では北は北海道全域から日本海，太平洋，瀬戸内海および東シナ海と，南方の離島を除く沿岸域各地に分布している（図3.14）．近年のブリの年間漁獲量は，わが国では10万t前後であり，韓国でも1万t前後である．ブリはロシア海域にも分布しており，近年はわが国でも分布が北偏傾向にあるため，ロシア水域での分布も増加しているであろう．余談であるが，2013年にある方から「ロシアのウラジオストックの研究者が来日中で，「ブリを釣る道具を購入したい」と言っている」との連絡

図3.14　ブリの分布域の模式図（久保田ら，2017）

を受け，横浜で釣具店を紹介したことがある．ロシアにも遊漁で狙って釣りたくなるほど来遊しているのか，と驚いた記憶がある．

　2016 年のブリ類の漁獲量は，わが国で 10.6 万 t，韓国で 1.5 万 t である．わが国の漁獲量を海域別にみると，北海道で 1.2 万 t，北海道を除く日本海と太平洋でそれぞれ 4.4 万 t と 2.9 万 t，東シナ海で 2 万 t，瀬戸内海で 500 t となっている．漁獲量の多寡と分布量の多寡は必ずしもイコールではないものの，ブリの主分布域は日本列島周辺であり，わが国の中では，どちらかといえば太平洋よりも日本海での分布の方が多いと推察される．

　ブリの産卵は 1 月から始まり，その後，産卵場は海水温の上昇とともに北上し，太平洋側では 5 月頃まで，日本海側では 7 月頃まで産卵が継続すると考えられる．卵からふ化した仔魚は海の表層で浮遊生活を送り，生後 2～3 週間を経て稚魚となり，流れ藻に付随するようになる．この時期のブリの稚魚は「モジャコ」と呼ばれる．モジャコは海域ごとに定められた春先のごく短い期間に漁獲対象となり，第 4 章で詳述される養殖ブリの種苗として利用される．ブリと同様に，カンパチの稚魚も流れ藻に付随することが知られている．一方，わが国周辺では，流れ藻とともにヒラマサの稚魚が採集された事例はほとんど聞かない．もっとも，ヒラマサの稚魚が採集された事例自体が非常に少ない．実験環境下において，ブリの稚魚は流れ藻の枝の間に潜入または藻の下に付く習性が観察されたのに対し，ヒラマサの稚魚は流れ藻に全く関心を示さなかったという研究事例もあり（藤田・与賀田，1984），ヒラマサの稚魚は流れ藻に付随する習性をもたないと考えられている．

　モジャコは 3～4 月に薩南海域に出現し，4～5 月には九州西岸から長崎県五島列島近海および日向灘から熊野灘に，6 月には島根県隠岐周辺海域へと，季節が進むにつれて黒潮と対馬暖流の双方により下流域へと分布域が移っていく．モジャコは流れ藻に付随しつつ，太平洋側，日本海側双方に輸送され，7 月頃には尾叉長 20～30 cm 程度の未成魚となり，各地で漁獲対象となり始める．未成魚から成魚のブリは，東シナ海から北海道まで広範囲に分布する．このうち，北海道や東北地方では分布する時期が初夏～晩秋に限られ，また地域別でみれば季節により来遊するブリのサイズが異なるなど，分布域は季節的に変化する．おおむね，春から夏にかけて北上し，秋から冬に南下するという回遊行動のため，ブリの分布範囲は季節によって変化するが，回遊に関する詳細は 3.3.2 項で述べる．

　ヒラマサとカンパチについては，3.2 節でも述べたように，わが国でも南西諸

島ではブリよりもカンパチ類（カンパチとヒレナガカンパチの両種を含む）の方が漁獲が多くなるが，わが国全体としてはブリの漁獲量の方がヒラマサ・カンパチに比べて圧倒的に多い．このため，ブリに関する調査・研究の事例数に比べ，ヒラマサ・カンパチの事例数や得られている知見はかなり少ない．一方，釣り人の観点からすると，伊豆諸島や壱岐・対馬，甑島からトカラ列島といった海域でヒラマサやカンパチを釣獲対象にした遠征釣りがよく知られている．大型のブリ，ヒラマサおよびカンパチ類を対象とした釣りは，本州や九州からやや離れた離島周りや天然礁などで遊漁船により行われる場合が多く，ヒラマサおよびカンパチ類は磯からのジギングや泳がせ釣りで狙うこともある．しかし，大型のブリを磯から狙って釣るという話は，ヒラマサやカンパチ類に比べればきわめて珍しい．このため，ヒラマサおよびカンパチ類の方が，ブリよりも浅い根回りに居着く習性を有すると考えられる．関東でのカンパチの釣期は主に7～11月で，来遊するのはショゴと呼ばれる小型のカンパチが多いが，短期的に3～5 kg級のカンパチがまとまって来遊することもある．著者自身も何度か関東でのボート釣りでカンパチを狙ったことがあるが，獲物にありつけたのは7月に外房勝浦で一度きりであった．そのとき釣れたのは全長22～45 cmのショゴだった．もう20年近く前の話である．

　以下に学術的に知られている両魚種の分布域について整理しておく．ヒラマサとカンパチは，東アジアにのみ分布するブリとは異なり，世界の温帯域から熱帯域に分布する魚種であるといわれていた．しかし，このうち，かつて標準和名ヒラマサ（学名 *Seriola lalandi*）とされていた種は，2015年に発表されたDNAと形態的特徴とを分析した論文により，海域によって3種に分けるのが妥当と考えられるようになった（Martinez-Takeshita *et al.*, 2015）．すなわち，南半球に分布する *S. lalandi*，日本周辺に分布する *S. aureovittata*，太平洋東岸のカリフォルニアからメキシコに分布する *S. dorsalis* の3種に分けるのが妥当と提唱され，わが国の最新の図鑑もこの知見に従って修正されている．ちなみに，種名の *aureovittata* は「黄色い帯」を意味する．「ブリはわが国周辺の固有種」との記述が時折みられるが，今後はヒラマサ *S. aureovittata* についても，わが国周辺の固有種といって差し支えないようである．

　わが国でのヒラマサに関する漁獲データはきわめて限られているが，鳥取県境港でまき網により漁獲された小型魚（体重1 kg程度まで）の漁獲データがある．境港でのまき網によるヒラマサ漁獲量は年間1 t未満～40 t程度であり，同港で

のブリ（大小個体を含む）の漁獲量が近年は1〜2万tであるのに比べると，きわめて少ない[*3]．また，数t〜数十t程度の漁獲量であるが，御蔵島以北の伊豆諸島での定置網によるブリ属3種の漁獲量をみると，全体としてはヒラマサが最も多い．伊豆諸島の中でも南へ行くほどブリが減少し，ヒラマサとカンパチがより目立つ（安藤・加藤，2008）．以上のような知見から，わが国周辺でブリとヒラマサを比べた場合，絶対数ではブリの方が圧倒的に多いが，亜熱帯域ではブリがほとんど出現しなくなるため，より南方に偏った分布をするヒラマサの方が普通にみられる種になってくると考えられる．

　カンパチおよび近縁のヒレナガカンパチは，南北両半球を含め世界中の温帯〜熱帯域に分布する．この2種で比べた場合，わが国の本州沿岸域で普通にみられるのはカンパチであり，鹿児島県下および伊豆諸島海域における漁獲データから，ヒレナガカンパチの分布域がより南方域に偏っているのは間違いない．しかし，漁獲データでは両種が判別されていない場合が多く，わかるのは水揚げされた漁港であって，漁場まではわからない場合が多い．一方，近年は先に触れたような遊漁による釣獲情報がインターネットでも溢れており，いつ，どこの漁場で，どんな大きさの魚が釣れたか，また，場合によってはそのときの水温情報もみることができる．釣り人自身，もしくは遊漁船業者が，成績がよい場合も悪い場合もすべて含めて，釣獲データを正確に記録すれば，それは科学的分析にも耐えうる貴重な情報となりうる．漁獲量が少ない魚種では，漁業データから得られる情報が限られるため，将来的には遊漁の情報も整理されることに期待したい．

3.3.2　ブリの回遊

　回遊に関しては，ヒラマサやカンパチの情報がきわめて少ないため，本項ではブリに限定せざるをえない．ブリは漁獲量が比較的多く，産業的にも重要な魚種であるため，古くから漁獲データの解析や標識放流[*4]（図3.15）により，回遊に関する情報が蓄積されてきた．このような調査結果から，流れ藻を離れて日本各地の沿岸域に定着した後，0歳魚のうちは大きな回遊は行わないと考えられる．ただし，生息可能な水温の下限が9℃程度であり，越冬時には生息可能な範囲が北の方から狭まっていくため，北日本に分布していた0歳魚は冬季に南下回遊を

[*3]　鳥取県水産試験場が収集した漁獲データより．
[*4]　標識放流：漁獲した魚に標識をつけて再放流し，他の場所で再び捕獲された情報を収集し，魚の移動などに関する調査を行う方法．

図 3.15　背中の左右に 2 本の標識を取り付けたブリ

行う．冬季の分布の北限は年代によって変化しているが，数十年のスケールで温暖期と寒冷期を繰り返す気候・海洋環境の変化，すなわち，レジームシフトの影響によると考えられる．日本海側においては，温暖期であった 1960～70 年代にはブリは佐渡島以南で越冬していたが，寒冷期となった 1980 年代には越冬可能な範囲が能登半島より南西の海域に狭まり，1990 年代以降は再び温暖期となり，越冬可能な海域は，日本海側では能登半島以北から秋田県沿岸まで広がっていると考えられる．

　ブリの回遊範囲は 1 歳，2 歳と年齢を重ねるにつれて広くなり，おおむね 3 歳以上の成魚は，産卵のため冬季に大規模な南下回遊を行う．3.5 節で述べるように，ブリの最も大きな産卵場は東シナ海の大陸棚縁辺部に形成されていると考えられる．産卵可能なサイズにまで成長したブリ親魚は，冬季に南下し 1～6 月に東シナ海を主体とする海域で産卵する．産卵後の親魚は再び北上し，夏～秋に活発に餌を食べて成長し，冬に再び産卵場へ向けて南下する．夏場に北上して到達する海域は個体によって異なり，九州西岸までの個体からオホーツク海に到達する個体まで様々である．また，産卵場としては東シナ海が最も規模が大きく重要と考えられるが，日本海側では山陰～能登半島周辺，太平洋側では薩南～相模湾まで産卵が行われていると考えられる．このように，個体によって回遊範囲が異なるものの，漁獲動向の季節別の推移を俯瞰すると，ブリの個体群全体としては，夏に北上し，冬に南下するという回遊をしていることは明らかである．

　しかし，個体によって行動範囲が異なる原因は判然としない．群としてみれば，生息範囲が広い方が，より多くの仲間を増やしやすいと考えられる．群としての繁栄のことを思えば，個体の維持・成長および産卵のためのエネルギーをなるべく広い海域から取り込むように進化する方が有利であろう．しかし，ある個体は

産卵場から少し離れる程度の回遊をし，ある個体は産卵場から遠く離れたオホーツク海まで回遊するというように，行動が個体ごとに分かれる理由が，個々のブリが種の繁栄を想定してそれぞれ別々に適切な行動をとるから，ということにはならない．おそらく，それぞれの個体は，自分自身の生存もしくは自身の子孫を残すために最適な行動をとっているであろう．行動範囲が異なる群が生じる原理として，競争に弱い個体（例えば，小型の個体や成長の遅い個体）が分布の縁辺部（ブリの場合はより北方）へ押しやられ，結果的に分布域が広がり，資源量自体の増加につながる，という仮説もあるが，個体ごとに分布・回遊範囲が異なるのはなぜかというのは，非常に興味深い課題である．しかし，ブリは人の目が届かない海の中の生物であり，原因究明までの道のりを思うと気が遠くなりそうである．

このような，生物の行動の謎を解こうとする学問が行動生態学である．本項の冒頭で触れた標識放流調査も，ある個体の移動を明らかにしようという調査なので行動生態学的な調査ともいえるが，放流地点と再捕地点しかわからないので，その間，いつどこで生活していたのかが全くわからないという問題がある．例えば，北海道で標識をつけて放流したブリが，1年後に北海道で捕まった場合，その1年間，ずっと北海道にとどまっていたとは考えにくい．冬場を中心に半年以上，どこかもっと温暖な海域で過ごしているはずであるが，それが太平洋側なのか日本海側なのかもわからない．番号を刻印した標識のみによる調査では，再捕までの期間が長くなると，再捕されても解釈に苦しむ結果になってしまうことが多々ある．

こうした問題を解決するツールとして，1990年代前半頃から，水生生物の経験する環境を連続的に記録できる，アーカイバルタグ（図3.16）と呼ばれる小型の電子記録計が，比較的大型の魚類の調査・研究に利用され始めた．アーカイバルタグは，魚の腹部を切開して本体部分を腹腔内に埋めた後，切開部分を縫合するという外科的手術により装着する（図3.17）．本体から細長く伸びるケーブルを体外に出しておき，その先端のセンサーにより，照度や水温が記録される．ブリを対象として本機器を用いた最初の試みは，1999年に行われた富山県水産試験場によるものであった．以降，およそ10年間，ブリを対象としたアーカイバルタグによる調査が精力的に行われていた．このとき行われた調査では，時間，照度，深度，体外の水温および体内（腹腔内）の水温を記録するタイプのアーカイバルタグが使われ，多くの場合，データを2分間隔で記録する設定としていた．

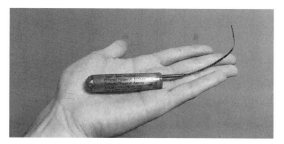

図 3.16 ブリに装着され回収されたアーカイバルタグ

図 3.17 ブリの腹腔内にタグを埋め込む外科的手術の様子

　アーカイバルタグにより記録される時間と照度の関係から，その個体が経験した毎日の日出と日没の時刻が推定できる．原理的には，日出・日没の時間から推定される太陽の南中時刻と日長から，その日，その個体が，海のどこにいたかということが推定できる．ただし，様々な誤差要因があるほか，春分の日と秋分の日近辺では，地球上のどこにいても昼間 12 時間，夜間 12 時間程度となるため，位置推定が困難となる．このため，時間と照度のみで位置を推定した場合，ありえないレベルで推定位置がばらつく．これを，同時に記録されている水温データを活用し，移動を記述する統計モデルを利用するなど，いくつかの工夫をすることにより，より信頼性の高い移動経路を推定することができる（図 3.18）．ただし，もとの時間と照度によるデータの誤差が非常に大きいので，よりもっともらしい経路を推定できたとしても，依然として真の位置を推定できているわけではないことに注意する必要がある．

　とはいえ，放流位置と再捕位置しかわからなかった時代と比べれば，天然ブリの回遊について，アーカイバルタグの出現によってかなり具体的に把握できるよ

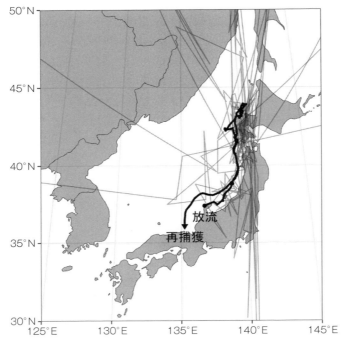

図 3.18 アーカイバルタグデータ解析による位置補正の例
データは 2004 年 5 月に輪島市で放流され同年 12 月に京都府沖で再捕された個体のもの．
細線は照度データから推定した位置．太線は水温データを活用して位置補正した結果．

うになってきた．図 3.18 で示した太線は，2004 年 5 月に石川県の輪島から放流し，7 カ月後の同年 12 月に京都府沖で再捕された個体の推定移動経路を示している．もしこの個体につけられていた標識が，従来の番号を刻印した標識のみであれば，この個体の移動に関する図は，輪島沖と京都府沖を結ぶ 1 本の直線だけになってしまう．一方，アーカイバルタグで記録されたデータを解析した結果では，6 月に日本海を北上し，7〜10 月の 4 カ月間は北海道の西側の海域で過ごし，11 月に南下する，という行動をしていたと推定された．ここで示したものは一例にすぎないが，年齢により回遊範囲が異なる可能性がある一方，同じ場所から放流した似たような大きさの魚でも，かなり異なる回遊パターンを示すものもあり，新たな情報が増えたのはよいが，その解釈にさらに頭を悩ませることもある．なお，図 3.18 は 2004 年に取得したデータをもとに新たな手法を用いて，2017 年に，水産研究・教育機構日本海区水産研究所で改めて解析し直した一例である．

アーカイバルタグの調査が行われていた当時の成果として発表された中で最も重要なものは，日本海と太平洋それぞれにおいて，いくつかの回遊パターンを見出したことであろう．日本海側で放流した大型の成魚による調査結果では，ブリ産卵場として最も重要な海域である東シナ海へ回遊し，再び日本海に戻ってくる個体が確認された．この個体が東シナ海で本当に産卵したかどうかは推測の域を出ないが，産卵回遊であることは間違いないであろう．これらの東シナ海へ南下回遊した群が春以降に日本海を北上して到達した北限の海域には大きく分けて2パターン，北部往復型（北海道沿岸と東シナ海の間を往復回遊）と中・西部往復型（能登半島以西の日本海と東シナ海の間を往復回遊）があることが確認された（井野ら，2008）．太平洋で放流した群の場合は，遠州灘から四国南西岸の間を往復する回遊群，紀伊水道から薩南の間を往復する回遊群，豊後水道から薩南の間を往復する回遊群など，回遊する範囲にはいくつかパターンがあることが確認されている（阪地ら，2010）．こうした成果の中で注目したいことは，太平洋で放流した群では，産卵期に到達した最も南西の海域が薩南であり，それより西，すなわち，東シナ海へ到達した個体がみつからなかったということである．それが本当ならば，ブリの産卵場として最も重要な東シナ海での産卵親魚群は，ほとんど日本海で育った個体であると考えられることになる．一方，東シナ海で産まれたブリの卵や稚魚は，日本海側のみならず太平洋側にも相当数が流れていると考えられている．日本海育ちの親から産まれた東シナ海生まれのブリのうち，太平洋側へ流れ着いた群は，その後は東シナ海には戻らずに太平洋育ちの子供だけを産む親になるという群の交流の姿が想像されることになるが，本当にそうなのだろうか．太平洋に到達したブリが，東シナ海に戻る経路はあるのだろうか．いまだ謎は多いが，今後の研究の進展に期待したい．　　　　　　　　　〔久保田　洋〕

文　　献

安藤和人・加藤憲司（2008）．伊豆諸島北部海域における小型定置網の漁獲特性．東京都水産海洋研究報告，**2**，29-74．

藤田矢郎・与賀田稔久（1984）．ヒラマサの成熟促進，卵内発生と幼稚仔．魚類学雑誌，**30**，426-434．

井野慎吾・新田　朗ほか（2008）．記録型標識によって推定された対馬暖流域におけるブリ成魚の回遊．水産海洋研究，**72**，92-100．

久保田　洋・古川誠志郎ほか（2018）．平成29年度我が国周辺水域の漁業資源評価（水産庁増殖推進部・水産研究・教育機構），pp.1226-1299．

Martinez-Takeshita, N., Purcell, C. M. *et al.*(2015). A tale of three tails：cryptic speciation in a globally distributed marine fish of the genus *Seriola. Copeia*, **103**, 357-368.
阪地英男・久野正博ほか（2010）．太平洋における成長段階別の回遊様式の把握．水研セ研報，**30**，36-73.

 ## 3.4　年齢と成長

3.4.1　ブリ類の大きさ

　ブリ類3種（ブリ，ヒラマサおよびカンパチ）は，いずれも成長が速いことが特徴であり，小さなものから大きなものまで，いろんなサイズのものが各地で漁獲されている．このうち，ブリの漁獲動向の季節変化を概観すると，どこの地域でも1 kgにも満たない小型のものから7～8 kg級のものまで様々なサイズのものが漁獲されており，またサイズごとにある程度決まった季節に来遊することが知られている．ブリは漁獲量も比較的多く，各地で食材としても親しまれていることから，サイズごとに異なる名前で呼ばれる．しかも地域ごとに異なる名前で呼ばれるので，かなりの数の地方名がある．この地方名については，2.2節で述べられているので参照されたい．

　ブリは成長すると呼び名が変わる出世魚として最も知られている魚であろう．また，地域ごとに，その季節に特有の大きさのブリが来遊するため，あるサイズのブリの来遊がその地方の季節の風物詩にもなっている．

　一方，ヒラマサとカンパチは，ブリよりもずっと大きく成長する魚であるが，成長するごとに何度も名前が変わるような出世魚ではない．30～40 cm程度までのカンパチは関東で「ショゴ」または「ショッコ」（"潮の子"の意）と呼ばれ，また，高知では2～3 kgまでのカンパチは「ネイリ」と呼ばれる．さらに大きいサイズに対しては，一般的には出世魚のような呼び名が浸透しているとは言い難い．ある程度以上の大きさに達したカンパチは，呼び名はほぼ「カンパチ」のままである．ヒラマサに関しても，小型サイズを「ヒラス」と呼ぶなどの地方もあるが，ブリのようにサイズ別に細分化された名称はなく，ある程度大きければ呼び名は「ヒラマサ」である．

　ヒラマサ（南半球や太平洋東岸の近縁種を含む）はブリ属最大の魚といわれており，100 kg近い超大型の記録もあるが，近年では50 kg前後の記録も世界的には珍しいようである．一方，カンパチも最大100 kg近くまで成長し，わが国周

辺も含めて世界では 70〜80 kg 級の記録が数年に一度はあるようである．ちなみに，ブリは分布域が東アジアに限られ，重量は 22〜23 kg，長さ（おそらく全長）120 cm が最大記録と思われる．このように，ブリの最大サイズはヒラマサおよびカンパチより小さいものの，ブリ類は魚類全体の中では比較的大きなサイズにまで成長する種類といえる．

3.4.2 成　長

魚類が 1 年でどの程度成長するかという知見は，その種の資源量を推定するために必要な情報であることはもちろん，資源を有効利用する方策を検討するうえでも重要な情報である．年々の成長速度を知るためには，分析対象とする魚の年齢を調べる必要がある．年齢を調べるためには，一般的には魚体から採取される硬組織に刻まれる年輪を読むという方法が用いられる．魚類の年齢査定に最もよく利用される硬組織は，鱗，脊椎骨および耳石（平衡感覚をつかさどる三半規管の中にある炭酸カルシウムの結晶）の 3 つである．また，事例は比較的少ないが，鰓蓋骨も利用される．魚類は一般に，1 年を通じて同じ速度で成長することは少なく，成長の進む季節（成長期）と停滞する季節（停滞期）とがある．上記の硬組織は，いずれも成長期に早く大きくなり，停滞期にはあまり大きくならない（成長が鈍る）場合が多い．こうした硬組織の成長の遅速が，木の年輪のような同心円状の縞模様（輪紋）として硬組織の中に刻まれるので，その輪紋数を数えることによって魚の年齢を推定することができる．

a. ブ リ

ブリの場合，鱗，脊椎骨，および鰓蓋骨により年齢査定が可能であるが，それぞれ一長一短がある．現在は，計測の簡便さと確実性に加えて，年輪間隔を計測することにより漁獲時のサイズ（年齢）よりも若い時点のサイズを推定できるという利点から，脊椎骨による年齢査定を行うことを基本としている．ブリの脊椎骨は 24 個あり，どの椎体でも同様の年輪が刻まれていることが期待されるが，前方から 15〜18 番目の椎体が最も大きく観察しやすい（三谷，1960）．近年では前方から 16 番目の脊椎骨を計測に利用することを研究者間では標準としている．

具体的な作業手順としては，まずサンプルとする魚体の尾叉長，体重，生殖腺重量などの基本的な生物情報を測定する．その後，三枚におろし 16 番目の脊椎骨（第 16 椎体）を含む数節の脊椎骨を取り出し，煮沸，脱脂などの処理ののち，目的とする脊椎骨を縦半分に切断する．得られた脊椎骨の断面を肉眼でみても年

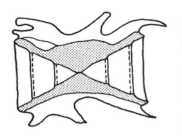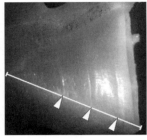

図3.19 ブリの脊椎骨の断面の模式図(左),脊椎骨(中央)および鱗(右)による年齢査定の例(中央,右写真:新潟県水産海洋研究所 池田 怜氏提供)

輪は十分確認できるので,ルーペや低倍率の実体顕微鏡下で脊椎骨の中心から各輪紋までの間隔を図3.19に示すように計測する.図3.19の試料の場合,年輪は3本みえ,この魚体の年齢は3歳と判定される.ブリの脊椎骨の場合,新しい輪紋が形成される時期は4~6月頃である.ここで,輪紋数を数えても,およその年齢は推定できるものの,誕生日までは特定できないので,正確な年齢は不明という問題がある.すなわち,輪紋が1本あれば生後1年前後以上経過していることになるが,生後1年何カ月経った個体かという精度では推定できない.魚類の場合,生後1年に満たない幼稚魚であれば,耳石を検鏡することにより,年輪よりもさらに細かい日輪(日々形成される同心円状の濃淡の構造)を数えることによって誕生日を推定することもできる.しかし,1年以上経った魚では,成長の停滞期に耳石の日輪間隔が非常に狭くなることによって輪紋が判読しにくくなり,誕生日を推定することが困難となる.天然ブリの産卵期はその年の海域条件にも左右され1~7月と長期にわたり,年齢査定をしてもその個体が何月生まれかという情報は得にくい.いまのところは,産卵期の中心である4月に生まれたと仮定して年齢を定義している.すなわち,6月の漁獲物で1歳と判定されたブリは生後1年2カ月,11月の漁獲物で3歳と判定されたブリは生後3年7カ月と考える.このような考え方で,各地で収集した多数の試料の年齢査定結果を集め,横軸に年齢,縦軸に尾叉長をとってプロットすると図3.20のようになる.図中の曲線は,これらのデータに最も適合するよう推定した成長曲線である.日本周辺のブリの場合,海域によって成長速度に違いがみられる.すなわち,東シナ海と太平洋中南部(千葉以南)のブリの成長速度が似ており,また日本海と太平洋北部(三陸)のブリの成長速度が似ている.このため,海域に適合した2種

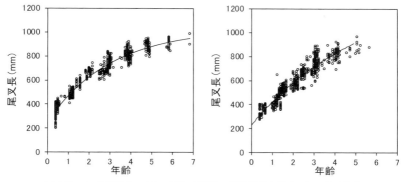

図 3.20 わが国周辺のブリの年齢-尾叉長の計測結果と推定された成長曲線
左：太平洋中南部，右：日本海および太平洋北部．

類の成長式が推定されている（図3.20；久保田ら，2018）．2つの式を比較すると，東シナ海および太平洋中南部の群の方が成長が速いといえる．なお，図3.20は，2004～2016年の13年間に太平洋中南部で約1000個体，日本海および太平洋北部で約800個体を年齢査定した結果を整理・解析したものである．なお，この成長式の推定にあたっては，東シナ海で収集された試料が含まれていない．東シナ海（五島列島近海）で収集したサンプルに基づいて白石ら（2011）が成長式を求めているが，その結果は図3.20の太平洋中南部の試料から求めた成長式と酷似している．なお，ブリの資源評価（久保田ら，2018）では以上の仮定で成長式を推定しつつ，数え年のように1月1日で加齢するように年齢を定義している．すなわち，生後1年弱の1月1日に1歳となり，翌年1月1日に2歳になるように年齢をカウントしている．これらの結果から，太平洋中南部では，1月1日における平均尾叉長は，1歳（生後0歳9カ月）で42 cm（平均体重1.15 kg），2歳（生後1歳9カ月，以下同様）で59 cm（同3.19 kg），3歳で71 cm（同5.61 kg），4歳で80 cm（同7.97 kg）と推定される．同様に，日本海および太平洋北部では，1歳で平均尾叉長38 cm（平均体重0.85 kg），2歳で55 cm（2.41 kg），3歳で69 cm（4.59 kg），4歳で80 cm（7.15 kg）と推定される．

ここで紹介した成長は近年の試料による解析結果であるが，ブリでは古くから資源生態に関する調査研究が行われており，以前の年代においても年齢と成長に関する調査・研究が行われていた．村山（1992）は，ブリの資源水準が低かった1987～1989年の3年間に東シナ海～富山湾（試料の多くは山陰西部～隠岐諸島

近海）で収集した試料を分析し，年齢と成長の関係を求めて過去の知見と比較した．その結果，ブリの資源水準が高かった 1956～1958 年に若狭湾で収集した試料に基づき解析された年齢-尾叉長の関係（三谷, 1960）よりも，成長がより速かったと報告している．このように，ブリの成長速度は 1980 年代と 1950 年代とで異なっていたが，その両年代におけるブリの資源生態に関する違いとして，まず 1950 年代の方が資源量が多かったことがあげられる．また，1950 年代には北海道沿岸への来遊も目立っていたが，1980 年代には北海道での漁獲はかなり少なく，北日本への分布回遊が少なかったという分布回遊範囲の違いもある．こうした年代による資源生態の変化を踏まえると，ブリの成長が 1950 年代より 1980 年代の方が速かった理由として，大きく分けて 2 つの原因が考えられる．一つは，資源量が多い時期に資源が多すぎることによって主に餌不足により成長が遅くなった（密度効果という）可能性が考えられる．もう一つは，資源量が多い時期に生息範囲が北方に拡大するに伴い，成長期に過ごす水温帯が相対的に低くなったことにより，成長が鈍化した可能性が考えられる．近年も北陸で漁獲されるブリでは成長の遅れがみられるとの指摘もある．年齢と成長の関係の変化の原因究明のためには，継続的かつ計画的に資料を収集・分析して実態を把握し，蓄積されたデータをもとに解析が進められるよう，調査・研究を充実させる必要がある．

b. ヒラマサとカンパチ

ヒラマサとカンパチの成長に関しては，わが国では調査研究が行われた例が少ないが，それぞれ既往の知見に基づき概説する．

まず，ヒラマサに関しては，2000 年代に長崎県西方沖から五島列島近海で漁獲されたヒラマサを試料として，脊椎骨をもとに年齢と成長の関係を推定した研究例がある（Shiraishi et al., 2011）．同研究では，生殖腺の観察結果から産卵期は 5 月中心と推定されたため，5 月 1 日をすべての個体の誕生日と仮定して成長式を推定した．ヒラマサでは，成長の雌雄差はみられなかった．ブリと同様に 1 月に加齢すると考えた場合の 1 月 1 日での平均尾叉長は，1 歳（生後 0 歳 8 カ月）で 36 cm, 2 歳（生後 1 歳 8 カ月，以下同様）で 56 cm, 3 歳で 70 cm, 5 歳で 89 cm, 7 歳で 99 cm, 9 歳で 105 cm となる．

次に，カンパチの成長について，わが国周辺の試料による知見がないため，米国大西洋岸における研究例（Harris et al., 2007）をもとに述べる．同研究では，フロリダ半島先端からサウスカロライナ州沿岸（北緯 24～34 度）で 2000 年代に収集したカンパチを試料として，耳石により年齢査定を行った．年齢-成長関係

3.4 年齢と成長

を求めるにあたっては，何月生まれかという仮定を特段置かず，1月1日に加齢すると考えて解析された．ただし，同研究で使用した試料の採集月の分布を考慮すると，実質的には5～6月頃生まれと仮定したことと同等であると考えられる．カンパチでは雌雄で成長様式が異なり，雌の成長速度が雄より速く，また最大到達サイズも雌の方が大きく，尾叉長115 cmを超える大型個体はほとんど雌であった．この研究によるカンパチの年齢-成長関係は，6月1日生まれと仮定したうえで1月1日に加齢すると考えた場合，1月1日での尾叉長は，雌では1歳（生後0歳7カ月）で45 cm，2歳（生後1歳7カ月，以下同様）で63 cm，3歳で77 cm，5歳で98 cm，7歳で111 cm，10歳で123 cm，13歳で129 cmとなる．同様に，雄では1歳で44 cm，2歳で64 cm，3歳で78 cm，5歳で95 cm，7歳で103 cm，10歳で108 cm，13歳で110 cmとなる．

以上のように推定されているブリ属3種の年齢-成長関係式を表3.1に示した．また，これらの式による成長のグラフを図3.21に示した．図3.21では，横軸は満年齢としている．なお，図3のHarris et al. (2007)に基づくカンパチの成長曲線については，先に述べた成長式における年齢をマイナス5カ月としたものが満年齢に相当すると判断し修正したものである．図3.21からは，3種とも満3歳までの年齢-尾叉長の関係に大きな違いがみられないが，3歳以降ではカンパチの成長が最も速く，次がヒラマサで，ブリが最も遅いということがわかる．また，カンパチの雌雄の成長差は5歳頃から明瞭になってくる．こうして推定された成長式のパラメータのうち，表3.1の中のL_∞は極限体長（今回の場合は極限尾叉長という方が正しい）といい，理論上考えられる最大サイズに相当する．しかし，

表3.1 ベルタランフィの成長曲線の推定結果

学名	和名	海域	雌雄	L_∞	K	t_0	出典
S. quinqueradiata	ブリ	太平洋中南部	共通	1030	0.33	−0.87	亘ら（未発表）
S. quinqueradiata	ブリ	日本海，太平洋北部	共通	1353	0.19	−1.00	亘ら（未発表）
S. aureovittata	ヒラマサ	東シナ海	共通	1108	0.31	−0.59	Shiraishi et al. (2010)
S. dumerili	カンパチ	米国南西部大西洋	共通	1241.5	0.28	−1.56	Harris et al. (2007)
			雌	1351.6	0.22	−1.83	
			雄	1105.6	0.36	−1.42	

ベルタランフィの成長曲線は$L_t = L_\infty [1-\exp\{-K(t-t_0)\}]$で表される．
tは年，Lは体長（ここでは尾叉長，単位mm），L_tはt年の体長．表中のL_∞, K, t_0は推定されたパラメータ，そのうちL_∞は極限体長（最大到達体長）．

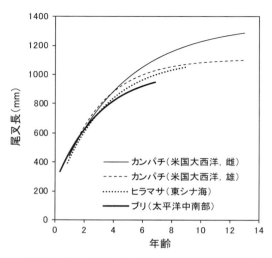

図3.21 ブリ，ヒラマサ，カンパチの成長曲線の比較

残念ながらブリおよびヒラマサに関しては，大型で高齢の試料が少なく，この極限尾叉長が実際の最大サイズを表しているとはいい難い．遊漁で最大記録とされるような魚が何歳であるかということに興味を抱かれるであろうが，こうした既存の式から逆算推定しても正しい結果にはならない．また，ブリの資源評価（久保田ら，2018）においては，ブリの寿命を7歳としているが，最大記録になるようなブリはおそらく7歳を越えているものと推察される．しかし，そうした個体が研究機関のサンプルとして入手できることはほとんどない．また，あまり高齢になると，輪紋間隔がどんどん狭くなってくるため，どの硬組織を使っても輪紋が読みづらくなり，年齢を決めかねるという事態に陥る可能性も高くなる．ブリに関しては，大型・高齢の試料について，もう少しデータを収集してこれまでの知見に追加できるとよりよいが，ある程度一般的に入手できる範囲の年齢-成長の関係が把握できていれば実用上は問題はないと考えられる． 〔久保田　洋〕

文　献

Harris, P. J., Wyanski, D. M. *et al.*(2007). Age, growth, and reproduction of greater amberjack off the southeastern U.S. Atlantic coast. *Trans. Am. Fish. Soc.*, **136**, 1534-1545.

久保田　洋・古川誠志郎ほか（2018）．平成29年度我が国周辺水域の漁業資源評価（水産庁増殖推進部・水産研究・教育機構），pp.1226-1299.

三谷文夫 (1960). ブリの漁業生物学的研究. 近畿大学農学部紀要, **1**, 81-300.
村山達朗 (1992). 日本海におけるブリの資源生態に関する研究. 島根水試研報, **7**, 1-64.
Shiraishi, T., Ohshimo, S. *et al.*(2010). Age, growth, and reproductive characteristics of gold striped amberjack *Seriola lalandi* in the water off western Kyushu, Japan. *New Zealand J. Mar. Freshwater Res.*, **44**, 117-127.
白石哲朗・大下誠二ほか (2011). 九州西岸域で漁獲されたブリの年齢, 成長および繁殖特性. 水産海洋研究, **75**, 1-8.

3.5 産卵生態

3.5.1 ブリの繁殖特性

　魚を解剖すると, 生殖腺が大きく発達し, 雌であればいまにも卵を産みそうな個体に遭遇することがある (図 3.22). 同種の魚を季節ごとに解剖してみることによって, どの海域の魚が, 何月頃から生殖腺が発達し, 何月頃に卵を産むのか, という生殖周期を概観することができる. 一方, 同じ時期, 同じ場所で獲った同じ性別の魚であっても, 比較的大型の個体は生殖腺が発達しているが, 小型の個体では全く発達していないなど, 魚体の大きさに依存して成熟の度合いが異なっていることもしばしば観察される. 産卵期前後に数多くのサンプルを分析し, 魚体サイズと生殖腺の成熟状況の関係を整理することによって, 成熟し産卵する (または放精する) ことが可能となる最小サイズを推定できる. こうして推定された生殖可能な最小サイズを生物学的最小形と呼ぶ. 上述の生殖周期や生物学的最小形のほかに, 親魚 1 尾当たり (一般には体重当たり) の産卵数, 卵の質 (大きさ,

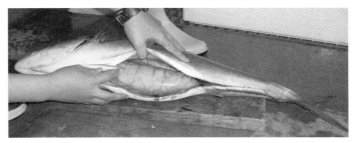

図 3.22 卵巣が大きく発達したブリ (写真: 三重県水産研究所 久野正博氏提供)
2006 年 5 月 19 日に三重県紀北町島勝浦にて漁獲された個体. 尾叉長 72.9 cm, 体重 6.5 kg, 卵巣重量 612.7 g.

重量，栄養成分の含有率など）と親の栄養状態（肥満度，肝臓重量，脂肪含有率など）の関係，そして，環境に対するこれらの性質の変化など，生物が世代をつないでいくうえで重要な繁殖に関わる生物学的特徴は，繁殖特性と呼ばれる．

　天然ブリを対象とした繁殖特性の調査・研究の歴史は長いが，多くの調査・研究では，体の大きさに対する生殖腺（卵巣・精巣）の重量の変化を観察して繁殖特性を述べている．しかし，先に述べたような「卵巣が大きく発達した個体」が，その後必ず卵を産むかというと，そうでない場合もある．このため，産卵したか（または近日中に産卵するか）否かを正しく判定するには，生殖腺の薄片切片試料を作製し，顕微鏡観察による組織学的な判断が必要となる．ブリにおいて組織学的観察により繁殖特性が研究された例は少なく，ここではこのような手法に基づいて報告された白石ら（2011）の研究例を中心に，ブリの生殖周期と生物学的最小形について述べる．

　白石ら（2011）は，東シナ海北部（長崎県五島列島周辺から対馬海峡）で周年にわたって収集された様々なサイズのブリ270個体を標本として，成長と成熟の関係について調査した．その結果，排精可能と判断された雄の最小サイズは尾叉長60.5 cm，排卵可能と判断された雌の最小サイズは尾叉長63.2 cmであった．これらの値は，先の生物学的最小形に相当する．白石ら（2011）の報告で推定された年齢-成長の関係式は，3.4節でも触れたように太平洋中南部海域の試料から得られた関係式に近く，生後1歳9カ月で尾叉長60 cm（太平洋中南部では59 cm），2歳9カ月で72 cm（同71 cm）と推定され，成熟開始年齢は2歳と考えられる．成熟の季節変化に関しては，雌雄ともに7～12月ではすべての個体が未成熟で，1月から成熟が進行し始める個体が出現した．雌では3～5月に間もなく産卵，または産卵後と判断される個体が多く出現した．生殖腺重量指数（「生殖腺重量」÷「生殖腺を除去した体重」×100で表される指標値）は，雌雄ともに6～翌年1月できわめて低く，雄は2月から，雌は3月から急激に上昇し，雌雄ともに4月と5月にピークを迎え，6月にはきわめて低い値を示した．以上のような生殖腺の観察結果から，東シナ海北部でブリが卵を産む時期は3～5月と推定された．東シナ海のさらに西方沖合の大陸棚縁辺部（水深200 m前後）においては，1980年代からまき網により大型のブリが漁獲されている．この海域における主漁期である3～5月の試料からは，生殖腺が大きく発達したブリが漁獲されており（村山，1992），少なくとも3～5月は同海域における産卵期と考えられる．能登半島周辺（石川県）では，生殖腺重量指数の季節変化と周辺海域での漁

期から，7〜8月上旬に産卵が行われていると推察される（辻，2000）．太平洋の熊野灘（三重県）においては，卵巣の成熟状況と卵巣内に観察される卵の直径の頻度分布から，産卵個体は4月中下旬から出現し始め，5月下旬には産卵後の痩せた個体の割合が多くなると報告されている（三谷，1960）．

以上のように，産卵する親魚の成熟状況を調査した結果からは，海域によって産卵期が異なり，東シナ海で3〜5月，能登半島周辺で7〜8月上旬，熊野灘で4〜5月と考えられた．一方，わが国の各地においては，既往の親魚の成熟状況から推察される産卵期だけでは説明できないような時期に生まれたと考えられるブリの卵・仔稚魚も採集されている．こうした卵・仔稚魚の分布や発生時期といった証拠も加えて推定した産卵期および産卵場については3.5.2項で述べる．

3.5.2　ブリの産卵期・産卵場の推定

ブリの産卵場がどこなのか？　という調査・研究にも長い歴史がある．産卵場を調べる方法として，一つは卵を産むと想定される親魚を採集し，海域ごとに成熟状況を調べるという方法である．もう一つは，卵や生後間もない仔魚[*5]の分布を調べる方法である．前者については3.5.1項で述べたが，推測される産卵場の広さに比べ，調査が行われた海域がごく一部に限られるという問題がある．産卵親魚の成熟に関する情報が少ない理由として，一つは地域を限ると，1年のうち，どこかでブリが漁獲されない時期があり，通年のサンプリングが困難な場合が多いことがあげられる．もう一つの理由は，産卵親魚を対象とするならば，ブリならばおおむね3 kg以上（大きい個体では10 kg以上）の魚体となるが，小型魚と比べると，データを得るためのサンプルの購入金額と労力が非常に大きいことである．

本項では，主に上記の2つめの方法，すなわち，卵，仔魚および稚魚の分布や発生時期を調べ，産卵期や産卵場を推定する方法について述べたい．一般に，分離浮遊卵[*6]を採集する場合は，卵や仔魚が通り抜けない程度の細かい目合の網地で作製されたネットを用いて，調査船から海底に鉛直方向に降ろし，一定の速度で真っ直ぐ引き上げるという方法（鉛直曳網）が採用される．現在，わが国では，

[*5]　鰭条（鰭を支える放射状のやや硬い組織）が成魚と同数になるまで発育する以前の魚．ブリの場合は体長10〜14 mm程度（ふ化後2〜4週間頃まで）が該当する．これ以降の発育段階を稚魚と呼ぶ．

[*6]　海底に沈まず，また流れ藻などの浮遊物などに絡みついたり粘着することなく，一つ一つがバラバラになって海中を漂う卵．

鉛直曳網に用いる網として，口径 45 cm，長さ 195 cm，目合 335 μm の改良型ノルパックネット（LNP ネット；図 3.23）が最も多く利用されている．LNP ネットをはじめとする鉛直曳網による試料とデータは，わが国の沿岸域から沖合域の主要な海域で調査されたものが長年にわたって蓄積されている．最近，この網を用いたブリの卵・仔魚の調査が始められたが，いまのところ出現頻度はきわめて少ない状況である．一方，分離浮遊卵は時として表層に集積することがあり，海の表層近くでブリの卵がある程度まとまって採集された例がある（塚本ら，2009）．産卵場を推定するには，卵の分布がわかることが最も近道ではあるが，ブリの卵は顕微鏡観察のみでは近縁種との区別が困難な場合が多く，生まれて間もない仔魚の分布の把握が進められようとしている．

仔魚や稚魚を対象とした調査を行う際には，あらかじめ種ごとに仔稚魚の分布深度を把握しておく必要がある．つまり，魚種によって，海表面の 1 m 程度のごく浅い範囲に集中して分布する魚種（サンマ，ボラ類，マアジ，トビウオ類など）と，表面から深度 50〜100 m 程度の中層まで分布する種（イワシ類，サバ類など）があるからである．ブリ仔稚魚の場合は海表面に集中して分布するため，調査には海表面を曳網する口径 1.3 m の稚魚ネットまたは幅 1.3 m×高さ 0.75 m のニューストンネット（図 3.23）が利用され，一般には約 2 ノット（時速約 3.9 km）

図 3.23 プランクトンや仔稚魚を採集するネット
左：改良型ノルパックネット（LNP ネット），右上：ニューストンネット，右下：ボンゴネット．

で10分間曳網する．なお，海表面だけでなくある程度の深さまで分布する種では，表層曳網だけではなく，船を走らせながら網を取り付けた曳索をウインチ操作によりゆっくり繰り出し，所定の深さまで沈めてから再びゆっくり巻き上げる傾斜曳網という方法が採用される．傾斜曳網においては，口径60～70 cmのボンゴネット（図3.23）などが用いられる．

ニューストンネットによるブリ仔魚の最近の分布状況として，4月の東シナ海における調査例がある（青沼ら，2015）．同調査では，大陸棚縁辺域から大陸棚上，さらに九州西岸にかけて，かなり広範にブリ仔魚の分布がみられたことが報告されている．また，2010年以降に仔魚の分布密度がそれ以前より高まっており，特に東シナ海の中でも南部の海域での上昇が大きいことが示されている．

稚魚ネットなどの表層曳網によりブリの卵・仔稚魚の分布が調査された例は，古いものは1950年代からあり，山本ら（2007）によって総括された．最も早い季節に卵・仔稚魚の出現が記録されたのは薩南海域の1月であった．2月に東シナ海，3月に日本海側では九州北部，太平洋側では四国～紀伊半島南部において採集された記録がある．月を経るにつれて，卵・仔稚魚の出現の記録はより北西の海域に移り，日本海側でも太平洋側でも，東北海域まで仔稚魚が出現する．最も遅い時期の記録は9月で，全体としては4～6月頃が仔稚魚の出現のピークとなっている．

産卵期は，仔稚魚などの0歳魚の耳石日周輪を解析することにより推定されるふ化日からも推定できる．能登半島東岸域で7～12月に漁獲されたブリの0歳魚では，誕生月は1～8月まで長期にわたっていたが，大部分は3～5月が占めていた（辻ら，2013）．卵・仔魚の出現した海域の表面水温は12～29℃までと非常に幅広いが，卵や仔魚の出現頻度の高い水温帯は19～22℃台（三谷，1960；山本ら，2007）であり，おおむねその水温帯がブリの最適産卵水温に相当すると考えられる．

以上のような調査研究の積み重ねから，東シナ海の大陸棚縁辺域にブリの主要な産卵場があり，少なくともまき網漁場が形成される3～5月が主要な産卵期であると考えられる．さらに，卵・仔稚魚の出現状況や推定されるふ化日，そして産卵適水温から，産卵期は1～8月と半年以上に及ぶと考えられる．1～2月は東シナ海のより南寄りの海域で産卵が行われており，水温の上昇に伴って産卵場が黒潮や対馬暖流のより下流域，すなわちより北東の海域へと移行していき，太平洋側では主に5月頃まで，日本海側では主に7月頃まで産卵していると推察され

る（久保田ら，2018；図 3.24）．現在も，ブリ仔稚魚の分布・成長や親魚の成熟・産卵に関する調査・研究が進められており，新たな知見の集積によってこれまでの断片的な情報がより体系的に整理されていくことが期待される．

また，こうして得られた産卵生態に関する知見は，今後，海洋環境の変動に関する知見とあわせて考察することにより，ブリの資源量が増減するメカニズムを解明することにも貢献すると考えられる．さらに，海洋動態モデルを利用した新たな調査・研究として，コンピュータ上における輸送シミュレーション実験(辻・広瀬，2016)が今後の重要な研究課題となっていくであろう．すなわち，水温や海底地形から推定される産卵場，産卵親魚の漁場分布，もしくは実際の曳網調査で得られた卵や仔稚魚の分布といった情報を起点として，海洋動態モデルの中でブリの卵・仔稚魚に見立てた無数の粒子を輸送させるという数値実験を活用することにより，ブリの生態や資源変動，分布・回遊や漁場の変化に関連する様々な疑問を解明するための手掛かりが得られることが期待される．こうした取り組みは，わが国ではサンマ，マイワシ，マサバといった小型浮魚類において先行的に研究開発が進められているが，今後，ブリも含めて様々な水産資源でもますます必要となり，また活用されていくであろう．

3.5.3 ヒラマサおよびカンパチ

ヒラマサの年齢やサイズと成熟の関係について，東シナ海北部における試料で調査された一例では，生物学的最小形は雄で尾叉長 62 cm，雌で 66 cm と推定された（Shiraishi et al., 2010）．この大きさは，3.4 節で述べた成長式から，それぞれ満 2 歳 1 カ月および 2 歳 5 カ月に相当するため，雌雄ともに 2 歳で成熟すると考えられる．成熟の季節変化に関して，雌雄ともに 8～翌年 1 月ではすべての個体が未成熟であった．2～3 月は試料が少なく判断が難しいが，4 月から明瞭に成熟が進行し始め，雌では 4～6 月に間もなく産卵，または産卵後と判断される個体が出現した．生殖腺重量指数は，雌雄ともに 7～翌年 3 月で低く，雌雄ともに 5 月をピークとして 4～6 月で高い値を示した．以上の結果から，東シナ海北部におけるヒラマサの産卵期は 4～6 月と，同所的に分布するブリよりも約 1 カ月遅い時期であると推定された．

わが国周辺海域におけるヒラマサの卵・仔稚魚の出現についての記録はきわめて少なく，4 月に東シナ海においてごくわずかに体長 15 mm 未満の仔稚魚が採集されたという記録があるのみである（山本ら，2005）．1970 年代には，鹿児島

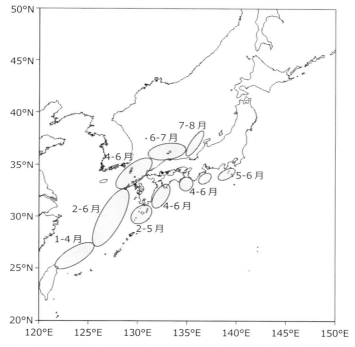

図 3.24 これまでの調査から推定されるブリの産卵場・産卵期（山本ら，2007 より作成）

県下の海域においてヒラマサ幼魚（ヒラス）を採捕し，養殖種苗として利用されたという記録もある（久万田，2000）．一方，1999 年頃より，中国からのヒラマサの養殖用種苗の輸入が始まっている．養殖用種苗の漁場は黄海北部の遼東半島の南にある長山群島周辺である．この海域で 7～8 月に漁獲された全長 5～20 cm 程度のヒラマサ稚幼魚が畜養され，わが国に輸入されている（磯，2002）．近年は，同海域でヒラマサを対象とした船釣りも行われており，30 kg 級の大型も釣れるようである．わが国のヒラマサ養殖では，国内採捕種苗も中国産種苗もともに利用されているが，その比率は安定しない[*7]．以上のように，黄海北部がヒラマサの主産卵場の一つとして重要と思われ，中国においてヒラマサの生態に関する調査・研究が進んでいる可能性もある．東アジア地域におけるヒラマサの産卵生態を明らかにするには，日本国内にとどまらず，中国を含めた広範囲にわたる調査・

[*7] ACN レポート http://www.pacific-trading.co.jp/news/index.html（NPO 法人 CAN 事務局発行）を参照．

研究が必要であろう.

　カンパチの年齢・サイズと成熟や産卵期などの関係について，日本周辺海域での天然親魚による調査・研究は行われておらず，わが国で得られている繁殖生態に関わる知見は飼育条件下における養成親魚の飼育過程に関するものがほとんどである．飼育環境下におけるカンパチの成熟に関する知見は 4.5 節に述べられているので，ここでは，天然親魚の産卵生態に関する知見として，米国大西洋岸における研究例 (Harris et al., 2007) について述べる．同研究で推定された生物学的最小形は，雄では尾叉長 46 cm で，1 歳魚で成熟している個体もあった．一方，未成熟個体の中には最大で 76 cm (5 歳魚) の個体もあり，半数が成熟する尾叉長は 64 cm と推定された．同様に，雌での最小成熟サイズは尾叉長 51 cm (1 歳魚)，最大の未成熟サイズは 83 cm (5 歳魚)，半数成熟尾叉長は 73 cm であった．ちなみに，この研究ではサンプリングの量が非常に多いのが特徴で，およそ 3 年の間に収集されたサンプル総数は 2729 尾で，9 割以上の個体で生殖腺を分析し，うち全長 1 m を超える個体も 929 尾含まれている．サンプリングの範囲は北緯 34 度のサウスカロライナ州から北緯 24 度のフロリダ州までと，日本でいえば三重県から石垣島までに相当する広範囲に及んでいる．一方，わが国におけるカンパチ養成親魚の育成過程から，本種がわが国周辺で産卵するならば，5～6 月をピークに 4～7 月に産卵すると推定される．

　カンパチの稚魚については，ブリのモジャコ漁の際に少量混獲されることが昔から知られており，カンパチ養殖が始まった頃には，こうして得られたカンパチの天然稚魚が種苗として利用されていた．薩南海域において表層曳網によりブリの仔稚魚の分布を調べた調査例においても，カンパチ仔稚魚が混じることが報告されている (前田・竹下, 1981)．また近年，台湾西部の澎湖諸島近海において，カンパチの仔稚魚が集群していることが報告された (Hasegawa et al., 2017)．同報告では,仔稚魚の耳石日輪解析により誕生日(ふ化日)は 4～6 月と推定された．したがって，4～6 月に，台湾近海もしくはその上流部がカンパチの産卵場の一つになっていることが推測される．一方，現在ではカンパチ養殖の種苗は中国産天然稚魚に依存しており，中国産種苗のほとんどは，11 月から翌年 3 月頃に海南島近海で全長 2～3 cm で採捕されたものであるとの報告がある (山下, 2013)．また，養殖種苗は中国南部のほかベトナムから輸入されたこともあり (Nakada, 2002)，南シナ海の南沙，中沙，西沙各諸島が主な産卵場であるとの推察もある (大野, 1993)．わが国での親魚養成試験，台湾での調査事例なども含

めて考えると，産卵期は少なくとも11〜翌年7月頃までの長期にわたり，南方海域ほど産卵期が早いと想像される．このように，わが国に回遊する北西太平洋地域のカンパチの産卵場や産卵生態解明にあたっては，南シナ海，東シナ海を含めた広域での国際共同調査が必要であろう．　　　　　　　　　〔久保田　洋〕

文　献

青沼佳方・佐々千由紀ほか（2015）．九州南西〜西方海域における海洋構造が水産資源に与える影響の把握．西海区水産研究所主要研究成果集第19号（平成26年度），10.

磯　由男（2002）．中国産ヒラマサ種苗の需要拡大を期待—2001年の採捕量は前年比倍増の300万尾以上！—．アクアネット，**5**(4)，34-38.

Harris, P. J., Wyanski, D. M. *et al.*(2007). Age, growth, and reproduction of greater amberjack off the southeastern U.S. Atlantic coast. *Trans. Am. Fish. Soc.*, **136**, 1534-1545.

Hasegawa, T., Yeh, H. M. *et al.*(2017). Collection and aging of greater amberjack *Seriola dumerili* larvae and juveniles around the Penghu Islands, Taiwan. *Ichthyol. Res.*, **64**, 145-150.

久保田　洋・古川誠志郎ほか（2018）．平成29年度我が国周辺水域の漁業資源評価（水産庁増殖推進部・水産研究・教育機構），pp.1226-1299.

久万田一巳（2000）．鹿児島県水産技術のあゆみ（鹿児島県），pp.635-643.

前田一己・竹下克一（1981）．薩南海域におけるブリ仔の分布と出現状況，天然ぶり仔資源保護培養のための基礎調査実験（昭和55年度報告）．日栽協研究資料，11-30.

三谷文夫（1960）．ブリの漁業生物学的研究．近畿大学農学部紀要，**1**，81-300.

村山達朗（1992）．日本海におけるブリの資源生態に関する研究．島根水試研報，**7**，1-64.

Nakada, M.(2002). Yellowtail culture development and solutions for the future. *Rev. Fish. Sci.*, **10**, 559-575.

大野　純（1993）．カンパチ種苗需給の現状と課題．養殖，**30**(10)，57-60.

Shiraishi, T., Ohshimo, S. *et al.*(2010). Age, growth, and reproductive characteristics of gold striped amberjack 1 *Seriola lalandi* in the water off western Kyushu, Japan. *New Zealand J. Mar. Freshwater Res.*, **44**, 117-127.

白石哲朗・大下誠二ほか（2011）．九州西岸域で漁獲されたブリの年齢，成長および繁殖特性．水産海洋研究，**75**，1-8.

辻　俊宏（2000）．能登半島沿岸で漁獲されるブリ成魚の成熟度．石川県水産総合センター研究報告，**2**，37-39.

辻　俊宏・広瀬直毅（2016）．対馬暖流域におけるブリ卵・仔稚魚の輸送シミュレーション．月刊海洋，**48**，517-524.

辻　俊宏・田　永軍ほか（2013）．能登半島東岸水域で漁獲されたブリ0歳魚のふ化日組成とその季節変化．水産海洋研究，**77**，266-273.

塚本洋一・佐々千由紀ほか（2009）．東シナ海域に主産卵場を持つ主要資源の初期生態の把握．西海区水産研究所主要研究成果集第13号（平成20年度），4.

山本敏博・井野慎吾ほか（2007）．ブリ（*Seriola quinueradiata*）の産卵，回遊生態及びその研究課題・手法について．水研セ研報，**21**，1-29.

山本敏博・佐々千由紀ほか（2005）．東シナ海におけるブリ属仔稚魚の表層分布と日齢．平成

17年度日本水産学会春期大会講演要旨集,32.
山下亜純(2013).中国から日本へのカンパチ稚魚の流通〜採捕・育成から輸入・流通まで〜.養殖ビジネス,**50**(10),10-12.

4
飼 育（養 殖）

4.1　ブリ養殖の歴史

本節では，ブリ養殖に関する歴史の概要について述べるが，その前に一般的な魚類養殖施設について概説しておきたい．

4.1.1　魚類養殖施設

魚類の養殖施設は，大きく分けて網を張った生簀（いけす）で育てる方法と養殖池で育てる方法に分けられる．このほかに，小規模な湾などを網で仕切る方法（網仕切式養殖）や土手で堤防をつくって仕切る方法（築堤式（ちくてい）養殖）があるが，これらの施設造成には多額の投資を必要とするので，現在ではそれほど使われていない状況にある．

生簀とは，主にポリエチレン製や金網製の網でできた囲いのことである．生簀網は養殖の対象種にもより異なるが，その形状や大きさについては経験的に表4.1 に示すような長所と短所を有する．この生簀網は，古くは竹製や木製，現在では亜鉛溶融メッキした鋼管製や繊維強化プラスチック（FRP）製の筏（いかだ）と呼ばれる海上浮体施設に取り付けて海中に吊り下げ，その囲いの中で魚を養殖する方式を「小割式養殖」という．魚はこの生簀の中に閉じ込められた状態なので，給餌，種苗の活け込み，収穫などの取り揚げ作業のため漁船を用いることになる．この方式は，大規模な土木工事も必要なく，自然の潮通しがあるため水質管理もしやすいという利点があることから，近年では海面魚類養殖業での主流となっている．ただし，その反面，周辺海域の影響を受けやすく，例えば，周辺で赤潮や疾病が発生したときなどには早急な避難や投薬などの対策が必要となる．

近年，注目を集めている閉鎖循環式は海上での養殖方式ではなく，陸上養殖を実施するための方式である．海上での開放的環境とは異なり，陸上での閉鎖的環

表4.1 魚類養殖生簀網の長所と短所

形状	大きさ	長所	短所
円形*	直径 10〜15 m ×深さ 7〜10 m	・対象種の遊泳に適した形状 ・死角ができにくい ・波浪に強い	・生簀網の交換に労力を要する
正六角形	一辺 5 m ×深さ 7 m	・対象種の遊泳に適した形状 ・波浪に比較的強い	・死角ができやすい ・生簀網の交換に労力を要する
長方形	5×10 m ×深さ 7〜10 m	・魚の取り揚げが比較的容易	・死角ができる ・生簀網の交換に労力を要する ・波浪などの影響を受けやすい
正方形	一辺 5〜10 m ×深さ 5〜8 m	・魚の取り揚げが比較的容易 ・収容尾数が多い	・死角ができる ・生簀網の交換に労力を要する ・波浪などの影響を受けやすい

*クロマグロでは直径 40 m×深さ 25 m 規模の円形生簀網を使用する事例もある.

境の中で海水をろ過・循環しながら養殖を行うものである．海から離れた山間部などの地域でも海洋生物を養殖できること，ろ過・循環するので海水の使用量が比較的少ないこと，周囲の環境から完全に隔離されるので例えば赤潮や病害などの影響を受けないことから注目を集めている．しかし，設備建設や運転コストが海上施設に比べてかなり高額となるほか，複数の設備が必要なため故障が発生する可能性が高く，また万が一，病害や停電が発生した際には大きな被害が発生するリスクが高い．このような理由から，現在はトラフグやアワビなどの比較的単価の高い対象種での養殖のみ実施され，その事業規模も限られている状況である．

4.1.2 ブリの養殖小史

わが国における魚類養殖の起源については，記録が残されているのは江戸時代初期の元和（1615〜1624 年）に書かれたコイ養殖に関する文献が最初であろう．明治時代に入ると，まず，内水面魚類養殖の技術が大きく発展し，1877（明治10）年に東京において水産伝習所（現東京海洋大学）がニジマスのふ化飼育に成功したことを皮切りに，1879（明治12）年には東京でウナギの養殖が始められた．海面養殖では貝類養殖が最初に発展し，1893（明治26）年以降，三重県を中心に養殖アコヤガイの生産に成功した．

海産魚類の養殖に関しては，1907（明治40）年にクロダイとマダイの養殖試験が各府県の水産試験場で行われるようになったのが最初である．ブリの養殖については，1927 年に野網和三郎が香川県引田町（現東かがわ市）の安土池において，海を堤防で仕切った「築堤式養殖」施設で養殖を始めたのが最初である．

これは世界初のブリ養殖の事業化に向け，世界初の海産魚による近代的な養殖の成功であり，その後の世界の海産魚類養殖の礎となった．この安土池での養殖は，その後の第二次世界大戦で中断されたが，1951年から再開された．しかし，この築堤式養殖手法は限られた立地条件を必要とするため，養殖生産量はそれほど増加しなかった．1950年代後半には西日本を中心に施設投資費が比較的安価で簡便に設置できる「小割式養殖」生簀が開発され，魚類養殖手法の主流として定着していった．

1958年頃からは，西日本一帯でブリ養殖業への参入機運が高まった．この勢いで魚類養殖生産量は大きく増加し，より付加価値の高い養殖業を目指した様々な魚類養殖が試みられるようになった．養殖生簀へのブリの放養尾数は，1955年にはおよそ20万尾であったが，その後，1960年に257万尾，1964年には1836万尾と急激に増加した．

ブリ類の養殖生産量は1964年以降に急激に増加する傾向を示しつつ，1979年には16万t近くまで増加した（図1.4参照）．それ以降，現在に至るまでブリ類の年間養殖生産量は約15万t前後で推移している．しかし，その内訳に目を向けると，1985年頃からは国内でのカンパチの養殖生産量が増加しているため，ブリ自体の生産量はその分，減少していることになる．

農林水産省の漁業・養殖生産統計年報では，2001年度まではカンパチは統計上ブリ類に包含されていた．しかし，カンパチが産業的にも重要な位置を占めるようになり，また，近年の養殖生産量全体の増加に伴い，2002年度からブリ，カンパチおよびその他のブリ類の3つのカテゴリーに分類されるようになった．

2015年におけるブリ類の養殖生産量は14万292tであり，その内訳をみるとブリ，カンパチおよびその他のブリ類でそれぞれ10万2402t（ブリ類全体の73.0％），3万3595t（同23.9％）および4295t（同3.1％）である．ブリは日本の海産魚類の養殖生産量全体の42％を占めており，日本で一番多く養殖されている魚種である．なお，日本で養殖されているブリ類は約14万tであるが，世界全体のブリ類の養殖生産量は約16万tであることから，現状ではほとんどが日本で養殖されている．県別生産量では鹿児島県が全体の24.8％（2万5356t）を占めており，次いで大分県，愛媛県，宮崎県，高知県の順で続いている．

〔虫明敬一〕

4.2 天然種苗と人工種苗

養殖に用いる稚魚は「種苗」と呼ばれる．種苗には，海で採捕された「天然種苗」と，卵から人の手で人工的に育てられた「人工種苗」の2種類があるが，わが国のブリ類養殖の多くは天然種苗によって賄われている．

ブリ類は稚魚期（全長1〜15 cm）に流れ藻に付随する性質を有するため「モジャコ」と呼ばれる．このモジャコを採捕したものが天然種苗である．モジャコがなぜ流れ藻につくのかという疑問には，ながらく様々な仮説が立てられてきた（安楽・畔田，1965）が，最新の研究（Hasegawa et al., 2017）によれば，目印のない海洋で群れを維持するために流れ藻を利用していると考えられている（図4.1）．ブリ類3種の中でもブリとカンパチの稚魚は流れ藻につくのに対し，近縁種であるヒラマサの稚魚は流れ藻にはつかない．モジャコ採捕には都道府県知事または農林水産大臣の許可が必要で，さらに年ごとの総モジャコ漁獲量が水産庁で決められている．

モジャコの採捕は厳しい規制のもとで実施されており，近年では天然ブリの漁獲量が過去最高水準で推移していることからも，モジャコ採捕が天然資源量に与える影響はきわめて少ないと考えられる．しかしながら，養殖用種苗を天然種苗のみに依存することは資源管理上，将来問題になる可能性があること，また，天然種苗の採捕尾数は資源量の豊凶に左右されるため必ずしも一定しないことなどから，1980年代よりブリの人工種苗生産技術開発が着手され，一生産機関当たり10万尾単位での種苗生産が可能になっている．

図 4.1 流れ藻に付随しているブリ稚魚の群れ（Hasegawa et al., 2017 より改変）
（a）昼間は流れ藻の下や周辺を泳いでいるのに対し，（b）夜間は流れ藻に体を寄せて密集する．

4.2.1 天然種苗

鹿児島県はブリ類の養殖が盛んで，2015年の生産量はブリ2万5365 t（全国シェア25％，全国第1位），カンパチ1万6947 t（同50％，第1位），その他1122 t（同28％，第2位）となっている．ブリ養殖の種苗は他県と同様にほぼ天然種苗（モジャコ）である．以下，鹿児島県におけるモジャコ漁業や関連試験研究結果について概説する．

a. 鹿児島県におけるモジャコ漁業の概要

モジャコ漁業は春季のわずか23日間のみ採捕が許可される特殊な漁業である．漁業者は，船上から流れ藻を目視で発見し，これを網ですくうことにより，流れ藻に付随しているモジャコを採捕する．流れ藻とモジャコの来遊時期や来遊量は年によって変化するので，採捕の解禁が早すぎても遅すぎても，効率的にモジャコを採捕することが難しくなり，養殖業者は種苗の確保に苦慮することになる．したがって解禁日の設定はとても重要で，毎年漁期直前に漁業者らの話し合いをもとに決定される．これを助けるため，鹿児島県水産技術開発センターでは，調査船による「モジャコ調査」を実施している．

b. 鹿児島県におけるモジャコ調査の概要

モジャコ調査は毎年3～4月の上・中旬に実施している．調査定線（図4.2）を航行しながら流れ藻を目視で数え，「10海里当たり流れ藻視認個数」を算出する．1時間に1回程度流れ藻をすくい，重量を計量する．また同時に採捕されるモジャ

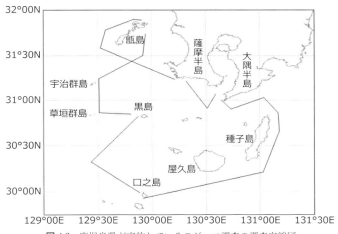

図4.2 鹿児島県が実施しているモジャコ調査の調査定線図

コの尾数を数え,「流れ藻 1 kg 当たりモジャコ付随尾数」を算出する.さらにモジャコの全長を計測する.得られたデータは毎日漁業関係者に速報で提供されている.

毎年のモジャコの来遊量を数値化するため,来遊量指数という考え方が採用されている.すなわち,モジャコ来遊量指数とは,

「10 海里当たり流れ藻視認個数」×「流れ藻 1 kg 当たりモジャコ付随尾数」

の自然対数値として表される.

c. 鹿児島県海域へのモジャコの来遊状況

鹿児島県海域へのモジャコの来遊量指数は近年増加している(図 4.3).かつては来遊量指数は 3 月より 4 月の方が高かったが,近年では同程度となってきてお

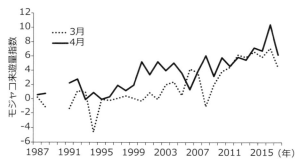

図 4.3 鹿児島県海域におけるモジャコ来遊量指数の推移(宍道ら,2016c のグラフに直近年のデータを追加)

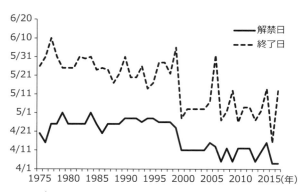

図 4.4 鹿児島県におけるモジャコ漁業の解禁日と終了日の推移(鹿児島県水産振興課調べ)

り，モジャコの来遊時期が早期化していると考えられている（宍道ら，2016c）．モジャコ漁業の解禁日は，1990年代までは4月下旬頃であったのに対し，近年では4月上旬頃となっている（図4.4）．

本県海域で採捕された天然種苗の耳石を用いて日齢解析を行った結果では，誕生月が1月中旬〜3月中旬と推察されている（宍道ら，投稿中）．ブリの産卵期は1〜8月と考えられているので（山本ら，2007），鹿児島県の漁業者が4〜5月に採捕するモジャコは全国で最も早い時期に生まれたものであるといえる．また，ブリは，体サイズの大きな個体ほど早期に産卵するとされている（三谷，1960）．すなわち，近年のモジャコ来遊量の増加（図4.3）は，ブリ資源増加に伴う大型産卵親魚の増加も要因であると推察される．

d. 鹿児島県海域への流れ藻の来遊状況

本県海域への流れ藻の来遊量指数も近年増加しており（図4.5），来遊時期が早期化しているととらえられている（宍道ら，2016a）．モジャコと同様に，かつては3月より4月の方が来遊量指数は高かったが，近年では同程度となってきている．

春季，東シナ海に来遊し，モジャコが付随する流れ藻はほとんどが中国沿岸を起源とするアカモク（*Sargassum horneri*）であると考えられている（Komatsu *et al.*, 2007；Filippi *et al.*, 2010；Mizuno *et al.*, 2014）．流れ藻は，波浪などによって藻が茎部から切れたり，基部や海底基盤ごと引き剥がされることで発生する．中国浙江省沖合における12〜2月の波浪動向を調べると，波浪の程度と頻度が12月のみ強化（増加）しており，アカモク流れ藻が早期に発生しやすい環境に変化してきていると推察されている（宍道ら，2016a）．

一方，流れ藻来遊量の増加要因は未解明であり，今後の研究が待たれる．

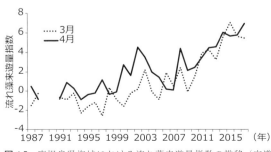

図4.5 鹿児島県海域における流れ藻来遊量指数の推移（宍道ら，2016aのグラフに直近年のデータを追加）

e. モジャコにとっての流れ藻の役割

海上生簀にモジャコを収容し,流れ藻の有無の条件下で飼育したところ,流れ藻ありの方がモジャコの成長・生残がよかったとする実験結果が報告されている(花岡ら,1986).近年の流れ藻の増加がモジャコの成長・生残に有利に働き,ブリ資源の増加に寄与している可能性がある.

f. 天然カンパチ類稚魚の来遊状況

モジャコ調査の際,ブリのモジャコに混じってカンパチ類の稚魚が採捕される場合がある.カンパチ類はブリに比べ暖海性の魚種で,赤道をはさんで世界中の熱帯〜亜熱帯域に広く生息し,西日本は分布の北限となっている.

カンパチ類稚魚の来遊動向と環境水温との関係を調べたところ,東シナ海南部の冬季水温が上昇(下降)した数年後にカンパチ類稚魚の来遊量指数が上昇(下降)する関係が認められた.薩摩半島西端に位置する標本定置網を調べても,西薩沿岸(甑海峡中央部)の水温が高いときにカンパチ類 CPUE(catch per unit effort,単位努力量当たり漁獲量)が高い傾向が認められた(宍道ら,2015).カンパチ類は本県周辺海域の水温変動の指標生物となりうるかもしれない.

g. 今後に向けて

近年のブリ資源は過去最高水準で増加している(久保田ら,2017).ブリは水温環境の変化に合わせて生息範囲が変化する.温暖期には北日本に生息範囲を拡大することにより資源が増加し,寒冷期にはこれと逆の現象が起きると考えられている(宍道ら,2016b).一方,温暖化が進めば,海面水温上昇によってアカモクの分布南限が北上し,2100年頃には,鹿児島県近海に来遊するアカモク流れ藻の主要発生域である浙江省には分布しなくなるとされる(Komatsu *et al.*, 2014).

一部で人工種苗の導入が進められているものの,天然モジャコは今後も引き続きブリ養殖業の経営を支える柱となるであろう.今後は,水温環境の変化やブリ資源の動向を短期および長期の双方の視点から敏感にとらえ,モジャコと流れ藻の来遊予測精度をさらに向上させることにより,モジャコ漁業の操業の効率化とブリ養殖業の経営安定化に貢献していく必要がある.

4.2.2 人工種苗

a. ブリ

ブリの採卵および仔稚魚の飼育は,1954年に九州大学を中心とする研究グループで始められ(内田ら,1958).その後,近畿大学,長崎大学,九州大学,長崎

県および高知県水産試験場などで取り組みが行われた．当初は長崎県男女群島および五島列島で漁獲された天然親魚から，1970年代には天然稚魚を養成した親魚から，それぞれ人工授精あるいは自然産卵により得られた受精卵をふ化させて飼育を行い，その仔稚魚の飼育に関する基礎的な研究を通じて，数千〜1万尾の稚魚まで育てることに成功した．

　本格的な種苗生産技術開発への取り組みは1980年代に始まった．これは，天然ブリの漁獲量が著しく減少した1970年代，特に大型定置網での漁獲量の激減に対する危機感に端を発している．その一因として養殖用の天然種苗（モジャコ）採捕の影響が大きいとする定置網業界からの声を受けて，水産庁の委託により1977年に日本栽培漁業協会（現水産研究・教育機構）でブリ種苗生産技術開発事業が開始された．具体的には，人工的に採卵・飼育した種苗（人工種苗）の放流による資源の維持・管理，すなわち本種の栽培漁業の促進を目的として取り組まれた．当初，放流用に大量の人工種苗をつくることを目標とし，1980年代後半には動物プランクトンを中心にした大量の餌生物（以下，生物餌料）を与える種苗生産技術の開発により1生産機関で100万尾以上の人工種苗の生産が可能となった．

　ブリの養殖は天然採捕したモジャコにほぼ100％依存しているため，毎年4000万尾前後のモジャコが養殖用として採捕されていた．しかし，年変動が大きく安定的な確保が困難であること，モジャコ採捕自体がブリ資源へ及ぼす影響が懸念されることなどから，人工種苗を養殖へ利用する期待が高まった．このため，複数の試験研究機関などで種苗生産に関する技術開発が行われた．特にブリ養殖業を基幹漁業とする熊本県では1999年より熊本県水産試験場（現熊本県水産研究センター）と熊本県栽培漁業協会（現くまもと里海づくり協会）が，大分県では2000年度より大分県海洋水産研究センター（現大分県農林水産研究指導センター水産研究部）が，長崎県では2001年より長崎県総合水産試験場と長崎県漁業公社が種苗生産技術開発の取り組みを開始した．

　また，日本栽培漁業協会では1996年に従来の養成親魚の採卵時期（4月下旬〜5月中旬）より1〜2カ月早い2〜3月の早期採卵技術を開発したことにより，早期卵を用いた早期種苗生産技術も確立し，1999〜2000年にはこのモジャコより大きな早期人工種苗を用いて放流試験を行い，放流効果を実証した．このブリの栽培漁業技術開発の成果である早期採卵・早期種苗生産技術を応用して2000年から新しく養殖業振興支援技術開発に着手している．その中で，天然種苗には

ない付加価値をもった人工種苗の技術開発として，天然ブリの産卵時期より4～6カ月早い10～12月の超早期採卵による種苗生産技術開発に取り組み，現在では，周年採卵が可能となり，必要に応じていつでも人工種苗の生産が可能となっている（浜田・虫明，2006）．この成果を受けて，2005年にはニッスイが人工種苗生産技術開発に取り組み，2009年からはニッスイグループの黒瀬水産が早期人工種苗を利用し，夏場に産卵前の肉質のよいブリの出荷を行っている．2011年には近畿大学が本格的に養殖用人工種苗生産に取り組み，2012年には鹿児島県東町漁協が，早期種苗を利用して赤潮発生時期を避けて出荷できるブリ養殖に取り組んでいる．

b. カンパチ

同じブリ類でもカンパチはブリより高水温に生息することから，わが国周辺海域ではカンパチの天然種苗はわずかにモジャコと混獲される程度である．このため，カンパチはブリに比べて市場価値が高いにもかかわらず，養殖用種苗の確保が不安定で養殖生産量も安定しない．このような背景もあり，中国からの輸入種苗（ベトナム沿岸海域などで採捕された天然種苗が中国で中間育成されてわが国に輸入される比較的大型の種苗）を用いた養殖が盛んに行われるようになった．その輸入種苗を用いた国内での養殖生産量は増大する一方であったが，2005年に輸入種苗でアニサキス（*Anisakis* I型幼虫）の大量寄生が確認され，食の安全・安心の観点から大きな社会問題となり，これを機にカンパチ養殖用種苗の国産化が強く求められるようになった（Yoshinaga *et al.*, 2006）．それまでにも，近畿大学，日本栽培漁業協会，宮崎県などがカンパチの人工種苗生産技術開発に取り組んでおり，1990年代後半には日本栽培漁業協会が10万尾以上の大量生産に成功している．しかし，本格的な養殖用種苗の国産化への取り組みは，2006～2009年，水産総合研究センター（現水産研究・教育機構）を中核とした農林水産技術会議実用技術開発事業「カンパチ種苗の国産化及び低コスト・低環境負荷型養殖技術の開発」として取り組まれた．本プロジェクトでは，安定的な大量採卵技術や種苗生産技術を開発するとともに，消費者である国民に安全・安心な養殖カンパチを提供するための技術を開発し，カンパチ養殖，ひいては養殖魚の安全性に関する信頼を回復することを目的とし（虫明，2006），プロジェクト終了翌年（2010年）には，1機関における種苗生産尾数は42万尾（沖出しまでの平均生残率16％）まで向上（橋本ら，2016），養成親魚からの周年採卵技術の開発も含めて従来と比較しても著しい技術的な向上を遂げた．カンパチ養殖業を基幹産業とする鹿児

島県では,カンパチ専用の飼育施設が整備されるとともに,年間50万尾前後の人工種苗の生産が可能となっている.

c. 人工種苗の特性

ブリ類の養殖は現在でも天然種苗への依存が大きく,ブリでは全国で毎年2000万尾程度が供給されている.一方で,人工種苗は130万尾程度(2015年現在)である(図4.6).また,カンパチでは全国で毎年500〜550万尾程度が供給されている一方で,人工種苗の利用は70万尾程度(2015年現在)である(図4.7).しかし,健全な種苗の生産性の向上や種苗生産時期の多様化などのいくつかの問

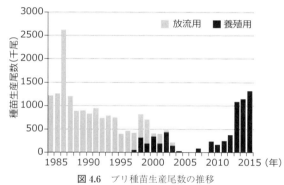

図4.6 ブリ種苗生産尾数の推移
栽培漁業種苗生産,入手・放流実績(1984〜1992),栽培漁業・海面養殖用種苗の生産・入手・放流実績(1993〜2015)より作図.

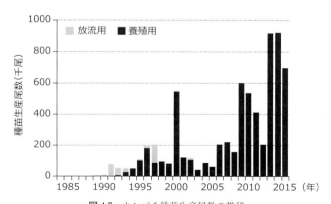

図4.7 カンパチ種苗生産尾数の推移
栽培漁業種苗生産,入手・放流実績(1984〜1992),栽培漁業・海面養殖用種苗の生産・入手・放流実績(1993〜2015)より作図.

題を残しながらも，一定の水準でほぼ安定した種苗生産は可能となり，現在ではブリでは全長 30～40 mm の種苗を生残率 30％前後，カンパチでは 20％前後で取り揚げることが可能となっている．人工種苗は天然種苗と異なり，必要な時期に必要なサイズの種苗を必要な量だけ供給することが可能である．この特性を利用して，ブリでは天然魚より早く大きく育てることにより赤潮被害を受けやすい夏場を回避しての出荷が可能となり，また夏場には産卵期明けで肉質の低下した3歳魚（数え年）ではなく肉質のよい2歳魚を提供することが可能となる．また，国内未侵入の新たな疾病の持ち込みや国内未承認の薬剤の乱用など多くの問題が懸念される輸入種苗に代わり，飼育履歴が明確である養殖魚のトレーサビリティへも対応できる．

このように，ブリ類の養殖用種苗を適度の按分比率を保持しつつ天然種苗から人工種苗に置き換えていくこともまた，漁業資源の維持・管理や養殖漁業の持続的発展，さらには食の安全・安心の観点からも重要であろう．

〔宍道弘敏・阪倉良孝・塩澤　聡〕

文　献

安楽正照・畔田正格（1965）．流れ藻に付随するブリ稚仔魚の食性．西海水研報，**33**，13-45.
Filippi, J. B., Komatsu, T. et al.(2010). Simulation of drifting seaweeds in East China Sea. *Ecological Informatics*, **5**, 67-72.
花岡藤雄・小西芳信ほか（1986）．人為的流れ藻に対する天然稚魚の蝟集反応．昭和 60 年度近海漁業資源の家魚化システムの開発に関する総合研究（マリーンランチング計画）プログレス・レポート　マアジ（4），19-29.
浜田和久・虫明敬一（2006）．日長および水温条件の制御によるブリの 12 月産卵．日水誌，**72**，186-192.
Hasegawa, T., Takatsuki, N. et al.(2017). Continuous behavioral observation reveals the function of drifting seaweeds for *Seriola* spp. juveniles. *Mar. Ecol. Prog. Ser.*, **573**, 101-115.
橋本　博・小田憲太朗ほか（2016）．鹿児島湾のカンパチ養殖における人工種苗の適正な沖出し時期の検討．水産増殖，**64**，223-229.
Komatsu, T., Fukuda, M., et al.(2014). Possible change in distribution of seaweed, *Surgassum horneri*, in northeast Asia under A2 scenario of global warming and consequent effect on some fish. *Mar. Pollut. Bull.*, **85**, 317-324.
Komatsu, T., Tatsukawa, K. et al.(2007). Distribution of drifting seaweeds in eastern East China Sea. *J. Mar. Syst.*, **67**, 245-252.
久保田洋・松倉隆一ほか（2017）．平成 28 年度我が国周辺水域の漁業資源評価．第 2 分冊（水産庁・水産総合研究センター），pp.1213-1241.
三谷文夫（1960）．ブリの漁業生物学的研究．近畿大学農学部紀要，**1**，81-300.
Mizuno, S., Ajisaka, T. et al.(2014). Spatial distributions of floating seaweeds in the East China Sea

from late winter to early spring. *J. Appl. Phycol.*, **26**, 1159-1167.
宍道弘敏・東　剛志ほか（2015）．鹿児島県海域におけるカンパチ類の資源動向把握の試み．黒潮の資源海洋研究，**16**，75-82．
宍道弘敏・水野紫津葉ほか（2016a）．鹿児島県海域における流れ藻来遊量・来遊時期の変動とその要因．月刊海洋，**48**，490-493．
宍道弘敏・阪地英男ほか（2016b）．漁獲量重心の変動からみたブリ類の漁獲量変動．水産海洋研究，**80**，27-34．
宍道弘敏・亘　真吾ほか（2016c）．鹿児島県海域におけるモジャコ来遊量変動とブリ新規加入量の関係．月刊海洋，**48**，487-489．
虫明敬一（2006）．カンパチ人工種苗の大量生産と養殖技術の高度化への挑戦．日水誌，**72**，1158-1160．
山本敏博・井野慎吾ほか（2007）．ブリ（*Seriola quinqueradiata*）の産卵，回遊生態及びその研究課題・手法について．水研セ研報，**21**，1-29．
内田恵太郎・道津喜衛ほか（1958）．ブリの産卵および初期生活史．九州大學農學部學藝雑誌，**16**，329-344．
Yasunaka, S. and Hanawa, K.(2002). Regime shifts found in the Northern Hemisphere SST field. *J. Meteorol. Soc. Jpn.*, **80**, 119-135.
Yoshinaga, T., Kinami, R. *et al.*(2006). A preliminary study on the infection of anisakid larvae in juvenile greater amberjack *Seriola dumerili* imported from China to Japan as mariculture seedlings. *Fish Pathol.*, **41**, 123-126.

4.3　飼　餌　料

4.3.1　飼料形態と給餌
a.　飼料形態

現在ブリ養殖で使用されている飼餌料は，生餌と配合飼料に大別でき，配合飼料はさらにモイストペレット（MP）と乾燥固形飼料に分けられる．生餌は，ブリに限らず多くの海面養殖魚の餌としてまず導入された．全国で漁獲される多獲性魚類（イカナゴ，マイワシ，アジなど）が冷凍設備を有する大型車で養殖場に配送され，現場で完全に解凍せずにミンチや切り身に裁断され手作業で給餌される（図4.8）．

多くの魚種，とりわけ淡水魚では，古くから乾燥固形飼料の普及が進んでいるが，ブリでは生餌に依存する割合が多い．2012年度の水産庁統計によると，マダイでは生餌の使用が養殖経営体の10％以下であるのに対して，ブリでは50％近くが生餌を使っている．生餌が好まれる理由としては，餌代が安いことと養殖対象魚の嗜好性が高いことがあげられる．しかしながら，生餌給餌には冷凍魚を

そのまま与えるとウイルスなどの病原微生物は死滅しないため病気が伝播する可能性があることや，給餌の際に生餌から出るドリップや魚片が海域を汚し，いわゆる自家汚染を引き起こすこと（図4.9），さらには生餌原料魚の栄養組成が産地や季節によって不安定であること，栄養添加剤などの添加が困難であることなどのデメリットがある．

　MPは，生餌と粉末配合飼料（以下，マッシュ）とを一定の比率で混合してペレット状に成形した飼料である．生餌だけでは足りない栄養素の補完と生餌の食べこぼしを軽減する目的で導入された．生餌8～9の割合に対してマッシュ2～1を混合して使用する養殖業者が多い．マッシュには粘結剤が配合されているので，生

図4.8　生餌の給餌

図4.9　生餌（左）と乾燥固形飼料（右）を給餌した後の透明度の違い［口絵4参照］

餌では食べこぼしが与えた餌の 24% にものぼるのに対して，MP では 3〜19% に低減される．MP の給餌に際しては，一般に養殖業者がペレット成形機を搭載した漁船で生簀まで行き，船艙に積み込んだ生餌の切り身とマッシュを混合し，必要に応じて魚油や飼料添加物を加えて，ペレットに成形して給餌するまでを一括して船上で行う（図 4.10）．養魚飼料メーカーでは MP が水中で離散せずに形状を維持するように，粉末飼料の配合を冷凍生餌の融解で生じる水分量の変化に合

図 4.10 船上モイストペレットの製造と給餌
（左上）船に搭載されたモイストペレット製造機．（右上）手前の 1 段高い場所にはマッシュが，奥の（人が立っている）場所には生餌切り身が入っており，両者が正面のペレット製造機に送られて混合される．（左中）生餌の切り身が入っている船艙．（右中）混合した原料が製造機の出口のカッターで切られてペレットになり青いベルトコンベアーの上に落ちる．（左下，右下）船の横からベルトコンベアーを生簀中心まで伸ばして給餌する．

わせて変えている．なお，生餌を使わずにマッシュだけで成形したペレットはシングルモイストペレット（SMP）と呼ばれている．

乾燥固形飼料はMPやSMPと異なり，法律で認められた原料を使い，表示された組成で配合されて工場で一貫製造されている．乾燥固形飼料は製品を室温で保存できるので，生餌のように冷凍施設などの維持管理費用が不要である．また，餌袋から取り出してすぐに給餌でき，現場で飼餌料を調製する手間がかからない．さらに，摂餌による食べこぼしがほとんどないので水が濁ることは比較的少ない．このように様々なメリットをもつにもかかわらず，ブリ養殖の現場で完全に乾燥配合飼料化が進まない理由としては，生餌やMPに比べて飼料単価が高いこと，魚の摂餌行動が劣る印象があることなどがあげられる．乾燥固形飼料には製造方法によってエクスパンダーペレット（またはドライペレット，DP）とエクストルーダーペレット（EP）の2種類がある．価格はEPの方が高いが，ブリでは主にEPが使用される．その理由の一つは，EP飼料は育成期のブリが必要とする高脂質飼料の製造が可能なことである．EPは通常脂質を25％程度まで添加できるので，原料脂質含量と合わせると飼料脂質を30％以上にすることができる．もう一つの理由には，DPに比べ胃の中での保形性がよく，ゆっくりと胃から腸へ移動することにある．DPは胃の中で飼料の塊がいったん崩れると，一気に腸に流れるので消化管が短いブリでは吸収が十分にできない．したがって，EPの方がブリの消化生理に適している．しかし，低水温期にはかえって胃での滞留時間が長すぎて摂餌量低下の原因となっているとの指摘もある．このため，低水温期だけMPや生餌を使う養殖業者も少なくない．

b. 低魚粉飼料

ブリ用配合飼料は，従来は魚粉を原料の65％以上含有するものが一般的だった．しかし現在では，魚粉の供給量が減少する反面，需要が増大し市場価格が高騰している．そのため，魚粉含有量を減らし，代わりに大豆油粕などの植物原料に置き換えた低魚粉飼料が研究開発され，現在では魚粉配合量が30％程度のブリ用飼料も市場に流通している．しかし植物原料だけで製造した「無魚粉飼料」はいまだ実用化に至っていない．その理由としては，飼料の魚粉含有量を極端に減らすと，ブリ自体の摂餌量を低下させるとともに，植物原料に含まれる抗栄養因子などが成長を低下させるからである．魚粉含有量を削減した飼料に対するブリの嗜好性の低下に対しては，摂餌促進物質の添加が有効である．摂餌促進物質（または摂餌刺激物質という）とは，摂餌を開始・継続させ，呑み込む一連の摂

餌行動を促す化学物質のことで，低分子量のエキス成分（アミノ酸や核酸関連物質）が主体である．魚種によって有効な物質は異なるが，ブリではL-アラニン，L-プロリンおよびイノシン5′-一リン酸に摂餌刺激効果がある．実用飼料ではこれらを含む，エキス製品（オキアミ，イカやホタテ内臓）が飼料に添加して使用されている．

c. 給餌

ブリが飼育されている海上生簀までは漁船での移動になるので，船上に配備された設備または手作業による給餌が行われている．1日に数回摂餌するマダイのような魚種では自動給餌機が普及しているが，ブリではまだ個人経営体での導入までには至っていない．ブリは，短時間のうちに一気に食べて胃の中に餌を溜め込む典型的な肉食動物の摂餌をする．餌を丸呑みするので，細かく嚙み砕いて食べる魚よりも消化時間が長くかかり，空胃になるまでの時間が長い．空胃になっていることは，摂餌するための必要条件である．飼料が消化管を通過する速度を消化速度といい，胃内容物の消失時間または消失速度として表される．消化速度は，飼料の量，給餌回数，飼育水温などが増加すると速くなり，魚体サイズが大きくなると遅くなる．乾燥飼料の消化速度は水分を含む飼料に比べて遅い．また粒径が大きくなるほど遅く，DPよりEPの方が遅い．ブリにおけるEP飼料の消化速度を摂餌量の半量になった時間で比較すると，体重約400gおよび1.6kgのいずれのサイズにおいても水温23℃では12〜17時間，14℃では24〜30時間だった．一方，体重90gのブリでは26℃で3時間だった．固形飼料をブリに与える場合，10g以下の稚魚では毎日数回給餌するが，幼魚から成魚においては，夏から秋の高水温期では毎日1日1回の飽食給餌，低水温期には2〜3日に1回飽食給餌するのが一般的である．近年では「自発摂餌」の研究も進められている．これは文字通り，魚自身の食欲に基づいて自発的に自動給餌機のセンサーに触れることにより，その報酬として自動給餌機から一定量の配合飼料が供給されるもので，人間の判断による給餌に比べて残餌の削減が可能になるといわれている．また，このシステムによって1日で摂餌活性が高い時間を調べたところ，天然ブリで報告されているのと同様，朝夕の薄暮期に高い活性を示し，これらの時間帯に餌をやれば短時間で効率よくブリを飽食させることができる．

4.3.2 ブリの消化生理

ブリは餌を嚙み砕くことなく丸呑みする．呑み込んだ餌は，口腔，咽頭，食道，

胃，腸へと移動する．図4.11に示すように，腸は胃から肛門に向かって2回屈曲（第1屈曲部と第2屈曲部）しており，十二指腸，腸前部，腸後部，直腸に区別されるが，直腸以外の境界は不明瞭である．直腸は肛門近くの管径がやや太く，黒褐色を呈する．主な栄養素は第2屈曲部までに吸収される．腸の長さは食性と深く関係しており，雑食性のマダイの腸長と体長の比は1.3と，腸が体長より長いが，ブリを含め魚食性の魚では0.5～0.7と体長よりも短い．したがってブリにとって腸管を早く移動して排泄される飼餌料は望ましくない．塊として呑み込まれた餌は胃にいったんとどまり，胃で粥状になってから腸へと移動する．胃ではヒトと同様に胃腺からペプシンが分泌され，タンパク質を大まかに分解して飼餌料の塊を粥状にする．胃の出口（幽門部）にはヒトと同様に括約筋があり通常は閉じられている．腸前部には幽門垂が存在する．幽門垂は盲嚢からなっており，魚種によってその形と数が異なる．ブリの盲嚢は，管状で多数（200～300本）ある．硬骨魚類では膵臓組織がほかの組織の内部または周辺に分散していることが多いが，ブリではこの幽門垂組織に分散している．幽門垂の機能は，膵臓消化

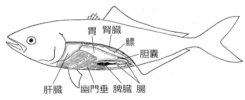

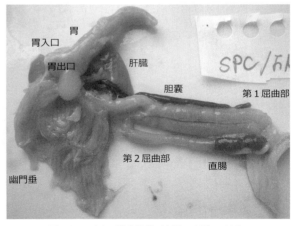

図4.11　ブリの消化器系（上図：小栗，1991）

酵素による消化と，腸管内部の表面積を増やすことによる栄養素吸収の効率化と考えられている．ブリにおける胃のペプシンの活性は非常に高いが，炭水化物消化酵素のアミラーゼ活性はコイの 1/80 と非常に低く，ブリが炭水化物を利用できない要因の一つである．

4.3.3 栄養要求
a. タンパク質

飼料中に必要なタンパク質量としてタンパク質要求量または至適タンパク質含量がある．前者は対象動物が 1 日体重当たりに必要なタンパク質量，後者は飼料中のタンパク質の含量または割合を表す値だが，後者も実用飼料を設計する際の指標となるためタンパク質要求量と呼ばれる場合が多い．ブリの至適タンパク質含量はおおむね 48〜55％の範囲にある（表 4.2）．至適タンパク質含量は，飼料原料のタンパク質栄養価，魚の成長段階，および飼料から消化吸収されるエネルギー量（可消化エネルギー）に影響される．可消化エネルギー含量が不足してい

表 4.2 ブリ稚魚および幼魚において魚粉飼料で飼育した最大成長

開始−終了体重 (g)	水温範囲 (℃)	飼育日数	飼料形態	FCR	飼料 100 g 当たり			CP/GE (mg/kcal)
					CP (g)	CL (g)	GE (kcal)	
稚魚：水温上昇期に飼育開始								
1.8-16.4	19〜22	30	EP	0.87	53.6	15.6	495	108
3.7-35.9	20〜24	35	EP	1.03	55.3	10.3	445	124
12-120	23〜26	40	SMP	1.08	52.0	16.0	526	99
13.1-158	24	45	EP	0.89	50.4	24.6	574	88
40-179	25	36	EP	1.00	54.0	20.4	553	98
39-179	25	36	EP	1.00	54.0	22.0	562	96
幼魚：高水温期に飼育								
65-201	25〜29	28	MP	1.19	71.0	8.0	478	148
88-214	26〜29	30	SMP	1.36	57.1	16.2	517	110
106-290	26〜29	30	SMP	1.42	52.6	15.2	514	102
幼魚からの長期飼育								
130-341	27〜22	64	EP	1.41	50.4	24.6	574	88
160-688	18〜28	97	EP	1.40	49.5	24.5	565	88
236-1436	15〜27	149	EP	2.23	45.0	21.0	495	91
425-1240	25〜15	99	EP	1.60	50.7	26.0	581	87
365-759	26〜21	112	EP	2.63	54.0	20.0	553	98
1190-3260	20〜28	182	EP	2.13	48.3	29.4	593	81

FCR：増肉係数，CP：粗タンパク質，CL：粗脂質，GE：総エネルギー，EP：エクストルーダーペレット，SMP：シングルモイストペレット．

ると，タンパク質がエネルギー生産に振り向けられて成長が低下する一方，エネルギーが過剰だと，体脂肪が蓄積して身質を損ねたり，飼料摂取量が低下して成長が悪くなる．そのため飼料におけるタンパク質とエネルギーの比率を適正に保つことが重要である．表4.2にある報告例から100gの餌に含まれるカロリーに対するタンパク質の比(CP/GE：タンパク質mg/エネルギーkcal)を算出すると，値は24〜80の範囲になる．したがって，固形乾燥飼料を使ってブリを育成する場合は80〜100が適正値といえる．

タンパク質の栄養価は2つの要因で決まる．一つは消化吸収率である．原料の消化率が悪ければタンパク含量がいくら高くても魚はタンパク質不足になる．ブリにおける各種原料の消化吸収率を表4.3に示した．一般に，動物原料のタンパ

表4.3 ブリにおけるタンパク質，脂質および炭水化物の消化吸収率

栄養素	原料	消化吸収率（%）
タンパク質	イカナゴ (95)＋グルテン (5)	87
	生アジ	91
	カゼイン (40)	95
	アジミール (85)〔α-デンプン (15) 含〕	63
	北洋ミール (85)〔α-デンプン (15) 含〕	54
	北洋ミール (70)〔α-デンプン (30) 含〕	22
	魚粉（南米アジミール）(65)	87-90
	魚粉（南米アジミール）(65)*	83-92
	フェザーミール (30)*	68
	血粉 (30)*	65
	含脂大豆 (72)	83
	濃縮大豆タンパク質 (53)	87
	大豆油粕 (50)*	93
	コーングルテンミール (20-80)	68-78
	ミートミール (30)*	97
	ミートボーンミール (30)*	82
脂質	コーン油 (5)	96
	コーン油 (15)	98
	コーン油 (30)	87
	タラ肝油 (5)	97
	タラ肝油 (15)	97
	タラ肝油 (30)	82
炭水化物	α-デンプン (10-20)	52-56
	α-デンプン (20-30) 参考コイ	85-87
	グルコース (10-30)	92-94
	グルコース (10-30) 参考コイ	99

( ) は飼料中の添加量（%），*はEP飼料での測定値（益本, 2012；未発表）．その他は荻野編（1980）より一部抜粋・改変．

表4.4 ブリの数種必須アミノ酸要求量

アミノ酸	要求量	
	(g/100 g 飼料)	(g/100 g タンパク質)
アルギニン	1.43-1.63	3.40-3.88
ヒスチジン	0.65-0.85	1.49-1.95
リシン	1.78	4.13
メチオニン	1.11	2.56
タウリン	2.4	4.90

ク消化率は高く,特に魚粉は80%以上と優れているが,フェザーミールや血粉の消化吸収率はあまり高くない.魚粉の代替源として使われる大豆油粕の消化率は高いが,コーングルテンミールではやや低い.

もう一つの要因はアミノ酸組成である.タンパク質を構成するアミノ酸20種類のうち,10種類は体内で合成ができないので飼料からの供給が不可欠で,不可欠アミノ酸または必須アミノ酸と呼ばれる.魚粉にはこれら必須アミノ酸が十分な量入っているが,大豆など植物由来のタンパク質にはメチオニンやリシンなど不足するアミノ酸がある.この場合,結晶アミノ酸を補足添加することで栄養価を上げることができる.アミノ酸は体内でタンパク質に合成されて体の構成成分になるが,脂肪のように貯蔵することができない.そのため,必須アミノ酸はつねに供給する必要がある.ブリにおける数種必須アミノ酸要求量を表4.4に示す.ブリやマダイでは,上記10種類のタンパク質構成アミノ酸に加えてタウリンも必須である.タウリンは硫黄を含むアミノ酸で,タンパク質の構成成分にはならないが,脂質の消化吸収や浸透圧調節に重要な役割を担っている.ヒトや多くの動物では体内で合成することができるが,ブリは合成酵素系の活性が微弱で必要量を合成できない.動物組織に多量に含まれているので,魚粉を使用しているときは問題にならなかったが,植物原料を配合した低魚粉飼料を開発する際に必須性が明らかとなった.タウリンが不足した飼料をブリに与えると,肝臓が緑になる緑肝症や脂肪の吸収が低下することが知られている.

b. 脂 質

脂質にはエネルギー源と必須脂肪酸源の2つの役割がある.飼料中のエネルギー源としてはタンパク質,脂質および炭水化物があるが,タンパク質は体成長にも使われ,ほかのエネルギー源より高価であり,またブリは炭水化物をエネルギー源とする能力が低いので,脂質が特に重要な役割を果たす.肉食性の回遊魚であるブリでは,飼料中の至適脂質含量は,タンパク質が適正量存在する場合お

おむね15〜30％で，マダイやヒラメなどの非回遊魚（10〜15％）より高い．消化吸収率はおおむね良好だが，融点が高い油脂の消化吸収率は低い．特に，低水温期での使用には注意が必要である．

必須脂肪酸は体内で合成できない脂肪酸のことで，生理活性物質の材料や細胞膜の構成成分としての役割がある．魚類の必須脂肪酸要求は以下の4通りに大別できる．すなわち，①炭素数18のn-6脂肪酸（リノール酸）を要求する，②リノール酸と炭素数18のn-3脂肪酸（リノレン酸）の両方を要求する，③リノレン酸を要求する，④炭素数20以上のn-3脂肪酸であるイコサペンタエン酸（EPA）[*1]やドコサヘキサエン酸（DHA）を要求する，の4通りである．ブリは④に該当する．ブリの必須脂肪酸要求量は，飼料中に仔稚魚ではEPA+DHAとして3.9％以上，DHAが1.4〜2.6％，EPA 4.0％+DHA 1.4％などで，幼魚以上の成長段階ではEPA+DHAとして2％以上と報告されている．

c. 炭水化物

一般に養魚飼料に含まれる炭水化物は粉デンプンで，その用途はエネルギー源と粘結剤（バインダー）である．炭水化物は最も安価で入手しやすいエネルギー源なので，家畜飼料では全栄養素の50％以上を占めている．しかし，魚類の炭水化物利用能は食性の違いにより大きく異なるので，飼料への添加量については注意が必要である．至適添加量は，コイのように雑食傾向が強い魚種では40％と家畜並みに高いが，多くの魚種では通常20％以下である．特に肉食傾向の強いブリでは5％以下で，添加量が多いと成長を阻害する．また，飼料へのデンプンの添加はタンパク質の消化吸収率を低下させる（表4.2）．炭水化物利用能の違いは，デンプンの消化吸収率と吸収された糖の代謝能力に由来する．前述の通りブリはコイに比べてアミラーゼ活性が低いので，消化吸収率も低い（表4.2）．一方，グルコースは消化が不要なので，ブリでも吸収率は90％以上あるが，たとえ吸収してもブリは糖をすみやかに代謝する能力が劣るので，炭水化物を多量に用いるのは好ましくない．

d. ビタミン

ビタミンは微量で機能を発揮する生命活動に必要な低分子の栄養素で，水溶性と脂溶性とに分けられる．多くの水溶性ビタミンは，摂取しても一定量以上は蓄積せずに排泄されるので絶えず飼料に入れて供給する必要がある．脂溶性ビタミ

[*1] イコサペンタエン酸：国際純正・応用化学連合IUPACによる名称で，旧名称はエイコサペンタエン酸．

表 4.5 成長または組織飽和量から求めたブリのビタミン要求量（細川，1999）

ビタミン	(mg/kg 飼料)	
	成長試験	組織飽和量
チアミン塩酸塩	1.2	11.2
リボフラビン	2.9	11
ピリドキシン塩酸塩	2.5	11.7
ニコチン酸	12	-
パントテン酸	13.5	35.9
イノシトール	190	423
ビオチン	0.22	0.67
葉酸	0.8	1.2
コリン塩酸塩	2100.0	2920.0
シアノコバラミン	0.053	-
ビタミン C	122.0	-
レチノールアセテート	5.68	-
α-トコフェロール	119.0	-

ンは体内に蓄積するので，欠乏症になりにくい．一方で，過剰に摂取した場合は排泄されにくいので過剰症が起こる．飼料原料中にもビタミンは含まれているが，原料の産地や季節，加工や保存中での損失などがあり，一定の値が保証されない．このため，通常はビタミンを混合したプレミックスを飼料に添加している．ブリ稚魚のビタミン要求量を表 4.5 に示した．ビタミンが欠乏すると欠乏症状が起きる．ブリは成長が早いので欠乏症の出現が早い．特に，ビタミン C は飼料製造過程や保存中に最も損失しやすいビタミンであるため，損失を見越して必要量の数倍以上を添加したり，被覆や酸化しにくいリンや硫酸をエステル結合させた誘導体のビタミン C 製剤が使われている．また，飼料にニシン，カタクチイワシ，サンマなどを用いる場合はビタミン B_1 欠乏になる可能性がある．これらの魚種はビタミン B_1 分解酵素（チアミナーゼ）をもっており，加熱せずに飼料に混合しておくと保存中あるいは飼料摂取後に B_1 が分解される．これら魚介類を加熱せずに使用する場合は，B_1 を油脂被覆などして酵素による分解を防ぐ製剤が必要となる．

e. ミネラル

一般に魚類は水中からミネラルを取り込むことができる．特にブリのような海水魚は，浸透圧調節のために失う水分を，海水を飲んで補うので，その際に腸からも吸収できる．しかし一方で，特定のミネラルを除いた飼料で飼育すると異常が現れることから，環境水だけでは要求量に足りず，飼料からの摂取が必要と考

表 4.6　各種リン酸塩の吸収率

リン酸塩	(%)
第一リン酸カルシウム	92
第一リン酸ナトリウム	95
第一リン酸カリウム	96
第二リン酸カルシウム	59
第三リン酸カルシウム	49

えられている．ブリの場合，供給が必要なミネラルとしてカルシウム，リン，マグネシウム，鉄および亜鉛が報告されている．最も要求量の高いものがリンで，飼料1kg当たり6～8gである．リンが欠乏すると脊椎骨の形成異常や魚体脂質含量が増加する．ミネラルは各種飼料原料中にも入っているが，吸収性が悪かったり，吸収阻害を受けたりして安定な量を供給できないので，通常は飼料添加物または飼料原料として添加する．例えば，魚粉には原料魚由来の骨や鱗由来のリンが多く含まれているが，それらの吸収率は低い．また，植物にもリンがフィチン酸として存在するが，動物はこれを消化吸収できない．したがって，魚粉含量が少ない餌や植物原料が多い飼料ではリンの添加が必要となる．その場合，リン酸塩の種類によって吸収性が異なるので（表4.6），魚にとって十分量となるように種類と添加量を考えなくてはいけない．

〔益本俊郎〕

コラム●フルーツフィッシュ

　ブリの身を切り身にすると鮮やかな色彩をしているが，空気に触れると血合肉の色合いが悪くなる褐変が問題となっていた．これはミオグロビンの酸化が原因なので，酸化を防止するため抗酸化作用のあるビタミン（ビタミンCやE）やポリフェノールを含む原料（乾燥したバナナやブドウの種）を飼料に添加して褐変を防止することができている．また，柑橘類の果汁や皮にもポリフェノールが含まれていることから，同様に褐変が防止できるうえに食べたときにかすかに柑橘類の香りがする．この効果を養殖魚の付加価値としてアピールし「フルーツフィッシュ」として各地で生産されている．
（例）柑橘系：みかん（愛媛，広島），柚子（鹿児島），直七（高知），かぼす（大分），オリーブ（香川），レモン（広島）

〔益本俊郎〕

文　献

細川秀毅（1999）．ブリのビタミン栄養に関する研究．愛媛大学連合農学研究科博士論文．
神原　淳・日高磐夫（2001）．水産学シリーズ128 魚類の自発摂餌—その基礎と応用（田畑満生編），pp.20-34，恒星社厚生閣．
Masumoto, T.(2002). *Nutrient Requirements and Feeding of Finfish for Aquaculture*, （Webster, C. D. and Lim, C. E. eds.）pp.131-146, CABI Publishing.
益本俊郎（2012）．水産ハンドブック（島　一雄・關　文威ほか編），pp.233-245，講談社．
荻野珍吉編（1980）．魚類の栄養と飼育，恒星社厚生閣．
小栗幹郎（1991）．新版 魚類生理学概論（田村　保編），pp.84-103，恒星社厚生閣．

4.4　環境管理

いかなる魚介類養殖においても，良好な環境で飼育することはとても重要である．特に，遊泳活動も活発で養殖魚の中でも成長の早いブリにとっては，良好な漁場環境がもたらす天然魚と同等で順調な成長は経済的な面からも非常に重要である．また，養殖場が設置される環境が沖合の漁場（図4.12）か，あるいは湾内の漁場（図4.13）かで管理の内容が若干異なってくる．本節では以下の4項目，すなわち，①ブリの特性と一般的に定められている環境基準，②養殖環境を保全するために定められた環境改善の取り組み，③養殖漁場で実施している環境管理，および④国際的な養殖認証における環境基準について紹介したい．

4.4.1　ブリの生物学的特性と環境基準

ブリの生物的な特性として，養殖環境で特に考慮すべきものは溶存酸素濃度（以

図4.12　沖合にある漁場

図 4.13 湾内にある漁場

下，DO) および水温と考えられる．DO については，5.7 mg/L 以上であれば安全であるが，この数値以下になり 4.3 mg/L を下回ると摂餌低下がみられ，2.9 mg/L が生存の下限値とされている（井上，1974）．そして，DO はより高い方が良好な成長をもたらす（平田・門脇，1990）．また，水温については，生存の限界温度が低温で 7℃，高温で 31℃と考えられており，10℃以下もしくは 31℃以上の環境が長期に続くと生死に大きく影響する危険性がある．一方，好適な水温は 18〜29℃であり，0 歳魚では 24〜29℃であるが，1 歳，2 歳と成長が進むにつれて低温側に移行する（宮下，2005）．養殖においてはこのような点に配慮し，地域ごとおよび季節ごとの環境特性に合わせた適切な管理が必要となる．

　また，養殖漁場の環境に関しては，国により定められた環境基準がある．ブリ養殖においては，この中の生活環境の保全に関する環境基準（海域）に定められた「水産 1 級」（マダイ，ブリ，ワカメなどの水産生物および水産 2 級の水産生物用）および「水産 1 種」（底生魚介類を含め多様な水産生物がバランスよく，かつ安定して漁獲される）と「水産 2 種」（一部の底生魚介類を除き，魚類を中心とした水産生物が多獲される）が基準になっている．さらに，これらの基準に加え，水生生物の生息環境として維持することが望ましい，として定められた「水産用水基準」（日本水産資源保護協会，2006）が一般的な指標として用いられている（表 4.7）．

4.4.2　養殖環境保全に向けた環境改善の取り組み

　4.1 節で示されたように，1960 年代半ばより小割式養殖の普及によりブリ生産

表 4.7 生活環境の保全に関する環境基準（海域）および水産用水基準

項目	基準
水素イオン濃度（pH）	7.8 以上 8.3 以下[*1]，生息する生物に悪影響を及ぼすほど pH の急激な変化がないこと[*2]
化学的酸素要求量（COD）	2 mg/L 以下[*1]，1 mg/L 以下[*2]
溶存酸素量（DO）	7.5 mg/L 以上[*1]，6 mg/L 以上[*2]，（内湾漁場の夏季底層 4.3 mg/L）[*2]
大腸菌群数	1000 MPN/100 mL 以下[*1*2]
油分など（n-ヘキサン抽出物質）	検出されないこと[*1*2]，水中には油分が含まれないこと，水面には油膜が認められないこと[*2]
全窒素	0.3 mg/L 以下[*3] 0.6 mg/L 以下[*4]
全リン	0.03 mg/L 以下[*3] 0.05 mg/L 以下[*4]
懸濁物質（SS）	人為的に加えられる SS は 2 mg/L 以下[*2]，海藻類の繁殖に適した水深において，必要な照度が保持され，その繁殖・成長に影響を及ぼさないこと[*2]
着色	光合成に必要な光の透過が妨げられないこと，忌避行動の原因とならないこと[*2]
水温	水産生物に悪影響を及ぼすほどの水温の変化がないこと[*2]
有害物質	農薬，重金属，シアン，化学物質など有害物質ごとに定められた基準値に従うこと[*2]
底質	（乾泥として）COD_{OH} 20 mg/g 以下，硫化物 0.2 mg/g 以下，n-ヘキサン抽出物質 0.1% 以下[*2] 1. 微細な懸濁物が岩面，礫または砂利などに付着し，種苗の着生，発生あるいはその発育を妨げないこと[*2] 2. 溶出試験（環告 14 号）により得られた検液の有害物質が水産用水基準値の 10 倍を下回ること[*2] 3. ダイオキシン類の濃度は 150 pgTEQ/g を下回ること[*2]

[*1]：水産 1 級（環境基準における），[*2]：水産用水基準，[*3]：水産 1 種（環境基準における），[*4]：水産 2 種（環境基準における）．

量は急激に増えてきた．また，この時期の養殖は，内湾や島影など波浪の影響が少ない場所に集中しており，魚が非常に過密な状態で飼育された結果，養殖環境が原因となる成長不良や魚病の発生，赤潮など多くの問題が発生した（日本水産資源保護協会，1997）．このような中，国は 1978 年に海面養殖が行われている各府県に対し，ブリ養殖生産量の各漁場における許容量を算出したうえで適正な環境管理を行うように求め，各自治体はそれぞれ指針を策定した（表 4.8）．この指針の根拠は明確ではないものの，ブリを育成するうえで問題ない DO が維持される範囲を想定して設定されたものと考えられる．

さらに，養殖漁場の継続的な使用を前提に考えた場合，漁場全体の環境保全が重要であることから，1999 年に持続的養殖生産確保法が制定され，養殖漁場の水質や底質，その他についての基準などが「持続的な養殖生産の確保を図るため

表 4.8 ブリ類の養殖許容量に関する各県の指針

府県	養殖許容量
三重*	10 kg/m³, 7 kg/m³ (夏季)
和歌山	6〜7 kg/m³ (閉鎖性水域), 8〜10 kg/m³ (その他水域), 6 kg/m³ (ハマチ当歳魚)
兵庫	10 kg/m³, 7 kg/m³ (夏季閉鎖性内湾)
広島	7 kg/m³ (ハマチ)
山口	10 尾 (体重 600〜1000 g)/m³〜300 尾 (体重 25 g 未満)/m³
香川*	7 kg/m³ (当歳魚)
徳島	5〜7.5 kg/m³
高知	当歳魚 3 万尾/1 経営体
愛媛	35 kg/m³
長崎*	35 kg/m³ (角型生簀), 70 kg/m³ (円形生簀)
熊本*	10 kg/m³ (夏季閉鎖性内湾)
大分*	7 kg/m³ (湾奥)〜11 kg/m³ (沖合)
宮崎	6〜10 kg/m³
鹿児島	8 kg/m³

*ブリ類に限定せず魚類全般で設定されている.

表 4.9 「持続的な養殖生産の確保を図るための基本方針」に定められた目標

項目	目標
水質	生簀などの施設内の水中における溶存酸素量が, 4.0 mg/L (5.7 mg/L) を上回っていること
底質 (いずれかを満たす)	生簀などの養殖施設の直下の水底における硫化物量が, その漁場の水底における酸素消費速度が最大となるときの硫化物量を下回っていること* 生簀などの養殖施設の直下の水底において, ゴカイなどの多毛類, その他これに類する底生生物が生息していること
飼育生物の状況	(魚類を対象とするものに限る) 条件性病原体であるレンサ球菌および白点虫による年間の累積死亡率が, 増加傾向にないこと

*現場調査の結果から酸素消費速度の最大値が求められないことが明らかとなり, 現在, この基準は用いられておらず, 水産用水基準の硫化物量 (底泥表層) が目標として利用されている.

の基本方針」として定められた (表 4.9). 現在, 養殖事業を行う漁業協同組合や養殖会社は, この基本方針に基づき, それぞれが養殖を行う漁場の環境負荷の軽減策を漁場改善計画として作成し, 都道府県知事の認可を受けたうえで, 環境悪化防止に努めながら養殖を行っている.

4.4.3 養殖漁場での環境管理

ここまで, 国や関係機関によって定められた環境基準と実際の養殖事業を行ううえで定められた基準などについて述べてきた. これらの基準は, それぞれ重要なものであり, できる限り高い頻度で確認することが望ましい. ただ, 日々の養

殖管理の中ですべての項目を測定することは難しく，日常の管理項目は簡易的に測定・観察が可能で，養殖において重要と考えられる水温，DO，透明度あるいは塩分濃度などと赤潮プランクトンの確認に加え，生簀内の魚の観察といったものに限定される．その際，赤潮プランクトンや魚の観察は，特に環境基準が設けられているわけではないが，養殖環境の日常の管理においては重要な観察項目である．

具体的には，毎日，漁場において水温などを測定するとともに，時期によっては（特に夏季）採水を行い，赤潮プランクトンに関わる検査を実施して当日の給餌や作業の内容を決定する．例えば，生簀内のDOが低い場合，海域全体がそのような環境になっているときには，給餌量を減らしたり作業を中止したりする．一方で生簀が付着生物により汚れ，海水の交換が十分でないことが原因のときもある．このようなときには生簀網の清掃を早急に実施し，海水交換がよくなるような対処が必要となる．実際にはこのような事態にならないような日常の管理が必要であるが，台風や赤潮，各種作業により十分に対応できない事態も想定される．また，赤潮プランクトンが一定数以上観察された場合や大雨で一時的に塩分濃度が低下した場合も，給餌や作業を中止する．特に赤潮については，特定の海域で発生頻度が高いこともあり，東シナ海や瀬戸内海について「沿岸域水質・赤潮分布情報システム」が構築され，ネット上で情報を確認できる仕組みが整えられている．さらに実際の取り組みについては鹿児島県などの事例が報告されており，観測結果をもとに様々な対策が講じられている（古川・浦，2017）．このほかにも，現場では図4.14，4.15に示すような様式に環境測定結果のほか，魚病の発生状況などの記録を残しており，毎年，季節的に行われるワクチン接種や選別，周年の養殖計画の作成に活用している．

なお，日々の測定が難しい底質などについては，事業者が単独で行う場合もあ

日	EP飼料		斃死			環境測定						魚の状態，作業状況
		合計	斃死	不良	斃死内訳	水温	比重	透明度	水色	DO	天気	
1												
2												
3												
4												
5												

図4.14 飼育管理記録（例）

赤潮検査NO					検査日 検査実施者	
採水場所	採水時間	水深(m)	プランクトン		備考 注意密度, 警戒密度等	
			種類	密度(細胞/ml)		

図 4.15　赤潮観察記録（例）

るが，多くは養殖事業者が所属する漁業協同組合と各県の水産試験場などが共同して一定の間隔で継続的に実施している．

4.4.4　国際的な養殖認証における環境基準

　世界人口の増加により，食料としての水産物の需要が年々高まる中，漁獲による水産資源の枯渇や養殖による海洋環境への汚染・悪影響が世界的に懸念されている．このような中，水産資源を持続可能な形で利用できるようにする取り組みが進められている．2020年に開催される東京オリンピックで提供される食品においても，この考え方が取り入れられている．養殖水産物においては，オランダに拠点を置く非営利団体（NPO）の水産養殖管理協議会（Aquaculture Stewardship Council：ASC）が，国際的なスキームを通して策定された基準に従って，自然環境や社会への影響を最小限に抑えて生産された水産物の認証を行い普及活動に取り組んでいる．ASC基準は養殖の対象種ごとに定められており，ブリは2016年に「ブリ・スギ類」として基準が公表された．この基準には7つの原則とその中に複数の判定基準が定められており，環境管理に関しては，複数の原則にわたって様々な内容が含まれている．具体的には，「自然環境，地域の生物多様性，生態系の構造と機能の保全」や「天然個体群の健康および遺伝的健全性の保護」といったものがある．水質面の一部では国内基準と大差ないものの，国内の環境基準よりも広い範囲の周辺環境に与える影響に配慮する内容となっている．例えば，養殖されるブリが環境に与える負荷については，環境水中のDO

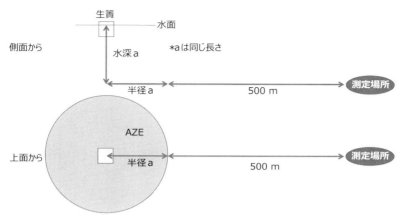

図 4.16 養殖事業に起因する影響の許容範囲（allowable zone effect：AZE）と測定場所の考え方

や供給される有機物（餌の食べ残しや排泄物）の量だけでなく，養殖漁場の底生生物への影響が判定基準に定められており，海上の生簀直下の底生生物と生簀が設置されている漁場エリア（影響の許容範囲，allowable zone effect：AZE として設定）の末端から 500 m 離れた場所の生物相に差がないことが求められている（図 4.16）．また，漁場周辺の絶滅危惧種の有無や，魚類だけでなく，哺乳類，鳥類，爬虫類などへも影響を与えない対応が求められている．さらに，養殖に用いる種苗についても，遺伝子組換え魚の使用禁止や調達方法が適正であることが求められている．このように，国際的な養殖における環境管理は，より多岐にわたる広範囲なものが求められており，これからのブリ養殖においても同様な取り組みが求められることになる．

なお，国際的に認められた養殖水産物に関する環境認証基準は ASC のみであり，現在，国内でも同様の認証を MELJ（マリン・エコラベル・ジャパン）として定める活動がなされている． 〔原　隆〕

文　献

古川新平・浦　啓介（2017）．東町漁業協同組合の赤潮対策への取組．日水誌，83(4)，703-706．
平田八郎・門脇秀策（1990）．海面養殖と養魚場環境（渡辺　競編），pp.28-30，恒星社厚生閣．
井上裕雄（1974）．ハマチ養魚場の環境，とくに水質について．水産土木，10，71-85．

宮下　盛（2005）．海産魚の養殖（熊井英水編），pp.66-67．湊文社．
日本水産資源保護協会（1997）．わが国の水産業 ぶり，ハマチ養殖．
日本水産資源保護協会（2006）．漁場改善計画作成・運用のための手引書，pp.29-30．

4.5　親魚養成

4.5.1　親魚養成とは

　親魚養成を一言で説明するのは難しい．強いて言えば，親となる魚を俯瞰的にみながら養成（育成）することと定義できる．ここで，俯瞰的とは個々の専門分野に立脚した固有の観点・視点からではなく，生理学，生態学，栄養学，病理学，免疫学，遺伝学などのあらゆる関連専門分野の知見や技術を同時並行的に導入することを意味する．これらの分野からの総合的・俯瞰的な視点で「魚をみる」ことにより，初めて親魚養成が成り立つ．このことは何もブリに限らず，多くの魚介類の親魚養成に取り組むうえで最も基本となる共通の認識・概念と心得ておくべきだろう．

　ブリも含めて養殖における種苗の安定的確保は養殖業の出発点である．ブリでは，これまではほとんどの場合，天然種苗（モジャコ；図 4.17）が利用されてきた．しかし，天然種苗の採捕量の不安定さや資源管理の観点から，現在では人工種苗の利用も積極的に行われるようになってきた．ブリの種苗生産研究（4.2.2項も参照）においては当初，天然海域からの漁獲（定置網漁業）によって入手した天然親魚を採卵用親魚に使用していたが，ただちに人工授精が行えるような排卵個体の出現率は 0.5％以下であった．このように受精卵を安定的に十分量確保

図 4.17　モジャコ（天然種苗）

できない状況から，採卵用親魚を育成すること（親魚養成）がきわめて重要になってきた．親魚養成を周年にわたり人為的な環境下で行うことで，親魚の栄養管理や産卵期の調節も可能になり，良質な受精卵を必要とする時期に確保することが可能となる．

4.5.2 親魚を育てる

現在，ブリの種苗生産に必要な受精卵は，天然魚あるいは人工生産魚のいずれからでも，親魚養成を行うことで採卵が可能である（日本栽培漁業協会，1999）．種苗生産機関は，親魚として天然魚を用いる場合は漁獲された幼魚（モジャコ：0歳魚）あるいは幼魚から一定期間養殖場で飼育された養殖魚（1～2歳魚）を入手して，親魚まで養成する．一方，人工生産魚では種苗生産した稚魚を長期間飼育し，採卵用親魚に養成している．近年では天然魚あるいは人工生産魚の中で，養殖に適した特性（例えば高成長やハダムシ抵抗性）を有する個体を選抜して，付加価値を有する親魚養成を目指す事例が多くなりつつある．

親魚養成を行う施設は，大きく分けて海上の小割生簀で養成する海上小割方式と陸上の水槽で養成する陸上水槽方式の2つがある（図4.18）．海上小割方式では，形状は円形や正方形が多く，円形で直径10 m，正方形で5 m角や10 m角が主流である．陸上水槽方式では，形状は四角形や八角形，円形，ドーナツ型があり，大きさは実容量50 kLから400 kLまで様々である．一般的には，成熟年齢に達するまでの親魚養成には海上の小割生簀を使用し，その後，産卵期直前に陸上水槽に収容してホルモン投与による誘発産卵を行うことが多い．なお，近年では早期採卵を目的に水温や日長をコントロールする場合には陸上水槽での親魚養成が行われている．

図4.18　ブリの親魚養成に使用されている海上生簀（左）と陸上水槽（右）

飼育密度は，海上小割生簀の方が陸上水槽よりも高い場合が多い．目安は，海上小割生簀では1kL当たり魚体重2～3kgに対し，陸上水槽では1～2kgである．これは，海上小割生簀に比べて陸上水槽では海水交換率が低く，水槽底部に蓄積される残餌や排泄物による飼育環境水の汚濁や酸素欠乏の防止および疾病発生の予防を考慮した結果と考えられる．

　従来，親魚養成用の餌料には主に生餌を用いることが多かったが，ブリではモイストペレットや配合飼料（ソフトドライペレットなど）を用いて良質卵を得ることが可能となったため，現在では配合飼料を用いた親魚養成が主流になってきている（虫明，1996）．配合飼料の使用には栄養素の構成を必要に応じて管理できる利点がある．また，産卵期前の親魚にアスタキサンチンを与えることで，雌1尾当たりのふ化仔魚数の増加など卵質の向上が確認されている．

　また，ブリ親魚の順調な成長と成熟のためには疾病対策が非常に重要である．親魚養成過程でみられる主な疾病は，寄生虫性疾病（ハダムシ症，エラムシ症，白点病など）や細菌性疾病（レンサ球菌症，類結節症，ノカルジア症など），ウイルス性疾病（イリドウイルス感染症など）などである（詳細は4.7節を参照）．特に最も頻繁にみられる疾病はハダムシ症であり，淡水浴や過酸化水素製剤浴（商品名：水産用マリンサワー）による定期的な駆除が必要である．

4.5.3　親魚の成熟を促進させる

　ブリ天然魚の産卵期は薩南海域で2～3月，四国・九州沖合海域で3～4月，能登半島近隣海域では6～7月である．一方，親魚を海上小割生簀で養成した場合の四国・九州沿岸海域における産卵期は，海水温が19℃に達する4月下旬～5月上旬であり，薩南海域での天然魚の産卵期よりも約2カ月遅い．したがって，4月下旬～5月上旬に採卵した人工種苗は，同じ時期に来遊する天然種苗と比べると，サイズの面で大きく見劣りし，成魚に育つまでも長期間を要する．

　そこで，養殖用として，天然種苗よりも大型サイズの人工種苗を供給するために，現在では親魚の産卵時期を通常の産卵期（4月下旬～5月上旬）よりも早期化させる技術が開発されている．

a.　2～3月の早期採卵を目標とした親魚の成熟促進

　まず，薩南海域における天然親魚の産卵時期（2～3月）に近づけるために，早い時期に親魚を成熟させる手法として，水温と日長を制御する技術が開発されている（中田・虫明，2006）．例えば12月上旬以降の水温条件を19℃に維持し，

日長条件は長日処理（16 L 8 D）を行うことで，2月上旬には雌親魚の卵母細胞径が700 μm に達するという実験結果がある．

b. 12月の早期採卵を目標とした親魚の成熟促進

ブリの産卵期をさらに早めた12月の早期採卵を目標とした親魚の成熟促進には，前述の水温および日長（短日と長日処理の組み合わせ）条件の制御方法を応用した方法が検討されている（浜田・虫明，2006）．すなわち，水温条件は2月採卵の場合と同様に飼育下限水温を19℃に維持するとともに，日長条件は親魚を陸上水槽に収容した9月中旬から10日間，短日処理（8 L 16 D）を行い，その後はただちに長日処理（18 L 6 D）を80日間行う．その結果，12月下旬には親魚の卵母細胞径が650〜700 μm まで増大し，その親魚にホルモン投与を行うことで，12月の早期採卵に成功している．

さらに，近年では8〜11月の採卵を目標とした親魚の成熟促進技術も検討されており，近い将来，ブリの周年採卵が実現するものと期待される．

c. カンパチ親魚の成熟促進

カンパチの養成親魚では，自然条件の飼育下では1月に卵黄蓄積を開始し，通常の産卵期として4〜6月に産卵盛期を迎えることが組織学的にも明らかにされている（浜田，2009）．上述したブリ親魚での環境条件の制御方法を応用して，カンパチでも通常期よりも早い時期に成熟を促進させて12月に採卵することに成功している（浜田，2009）．現在は，この手法をさらに改良して本種の周年採卵を目的とした環境制御技術の検討が行われている．

4.5.4 親魚から卵を得る

a. 水槽内での産卵

陸上水槽においてホルモン投与や水温コントロールによる産卵誘発を行わない，いわゆる自然産卵に成功した例はこれまでに2例ある（有元ら，1987；古満目親魚養成前進基地，1978）が，いずれも産卵数は少ない．また，水槽内でホルモン投与を行わず，低水温による産卵誘発刺激を与えただけで誘発産卵に成功した例もある（木村ら，2004）．しかし，計画的に大量の良質卵を確保するという観点からは，ホルモン投与により直接的に排卵を誘導させる手法が効果的と考えられる．

親魚の成熟・排卵誘導に使用するホルモンの種類については後述するが，ブリにおいてはヒト絨毛性生殖腺刺激ホルモン（human chorionic gonadotropin：

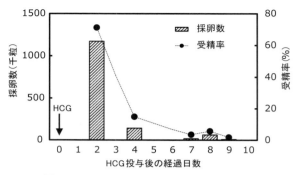

図 4.19 ブリの雌親魚 1 尾による水槽内産卵結果

HCG) の使用が一般的である．実際に HCG を 1 回投与した雌 1 尾（体重 7.4 kg）からは，投与 2 日後の初回産卵で 117 万粒の大量の卵が得られ，その後は 4, 7, 8 および 9 日後にそれぞれ 14, 2, 6 および 1 万粒の採卵ができている（図 4.19 ; 虫明, 1996). 現在, HCG の 1 回投与による誘発産卵技術は確立され, 種苗生産用にはホルモン投与から 2 日後に産卵される卵が利用され, 計画的な受精卵確保が実現している.

b. 人工授精による採卵

採卵方法としては，前出の水槽内産卵法と人工授精法の 2 つがあるが，水槽内産卵の場合，10 kg 前後の大型の親魚が産卵行動を起こせるような飼育環境が必要で，そのためには大型水槽（50～100 kL）の施設が必要となる．一方，人工授精による採卵では産卵行動を誘発しなくてもよいことから，そのような大型の施設を必要としない．

人工授精では，雌親魚にホルモン剤を投与してからおおむね 48 時間後に排卵の確認と腹部の圧迫による卵の搾出を行う．人工授精に使用する精液はあらかじめ雄親魚から採精しておく．雄親魚の成熟は，環境調節（水温と日長）で十分に進行し排精するようになるが，雌親魚ではホルモン投与により排卵を誘導する場合が多い．人工授精には乾導法と湿導法があり，乾導法は搾出した卵に精液を混合した後に海水を加える方法で，湿導法は海水中に卵を搾出し，その中に精液を加える方法である．一般的に乾導法の方が受精率は高いことから，ブリにおいても乾導法による人工授精が行われている．

HCG の 1 回投与により，雌親魚 1 尾（体重 8～9 kg）が排卵する卵数は 50～70 万粒であり，それらの卵を人工授精（乾導法）することにより，大量の受精

卵を確保することができる．現在，人工授精による採卵技術は確立され，計画的な受精卵確保が可能となっている（中田，2002）．

c. 使用するホルモン剤の種類と量

ブリの成熟・排卵を誘導するホルモン剤としてHCGが主に使用されている．最適なホルモン投与法については，HCGの1回投与法，プライミング法（2回投与），そしてトラフグなどで有効性が確認されている合成黄体形成ホルモン放出ホルモン（luteinizing hormone-releasing hormone analog：LHRHa）のコレステロールペレット埋め込み法による比較試験が行われている．HCGプライミング法（2回投与）は，1回目の投与で卵巣卵のホルモン感受性を高め，それから24時間後の2回目の本投与によって，より多くの排卵された卵を得る試みであり，LHRHaコレステロールペレット埋め込み法は，LHRHaにより親魚本来の生殖腺刺激ホルモンの合成・分泌を促進することで，より自然な形で成熟・排卵を誘導し，良質卵を効率的に得ようとする試みである．

しかしHCGプライミング法では卵質が不安定であり，LHRHaコレステロールペレット埋め込み法では卵数に課題が残った．結果として，HCGの1回投与法が最も簡便で有効であること，さらには最適なHCG投与量は600 IU/kgであることも明らかとなっている（虫明，1996）．

d. 卵径を指標とした親魚選抜

親魚養成をしている多数のブリの中から，うまく排卵し大量の卵を産む雌親魚を外観（太り具合，体色など）だけで選び出すことは非常に困難である．そこで，優良な親魚の選抜方法として，軟らかい樹脂製のチューブ（カニューラ）を雌の総排泄腔から卵巣腔へ通し，卵巣卵の一部を吸引して体外に取り出し，その卵母細胞を観察する方法が実施されている（図4.20）．

採取した卵母細胞の直径（卵径）を測定することで，その親魚の排卵の有無やホルモン投与から排卵までに要する時間，そして，採卵数の予測も可能となる（図4.21）．卵径が700〜800 μmの個体では雌親魚1尾から約53万粒の卵が得られるが，卵径が650〜700 μmの個体ではその半数となる．これは後者の個体における排卵誘導が可能な成熟卵数が前者の約半数であり，まだ十分に成熟していないことを意味する．卵径を指標とした親魚選抜を行うことで，排卵の有無や排卵時間，採卵数の予測が可能となり，安定的かつ計画的な採卵が実現する．

e. 卵の過熟現象と人工授精のタイミング

人工授精において，良質な受精卵を安定確保するためには授精させるタイミン

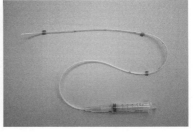

図 4.20　ブリ親魚へのカニューラ挿入による卵母細胞の採取（左）とカニューラ（右）

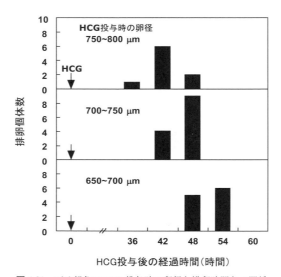

図 4.21　ブリ親魚の HCG 投与時の卵径と排卵時間との関係

グに配慮する必要がある．親魚の産卵行動ではなく，人の手で媒精工程のすべてを行うため，タイミングに十分注意しないと受精率に大きなばらつきが生じる可能性がある．

　人工授精により得られた卵の受精率は，排卵されてからの経過時間，すなわち，卵巣腔内での滞留時間と密接な関係があることがニジマスやトラフグ，ブリなどの魚種で知られている．つまり，ホルモン投与により排卵された卵がそのまま卵巣腔に滞留すると，卵は過熟現象を起こし受精率が低下する．図 4.22 にブリの人工授精における排卵後経過時間と浮上卵率，受精率およびふ化率との関係を示した．排卵直後およびその 6 時間後までは受精率が高いが，それ以降は時間の経

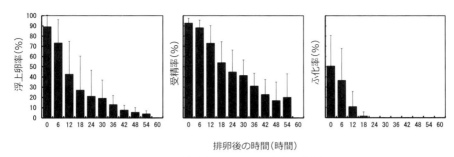

図 4.22 ブリの人工授精における排卵後経過時間と浮上卵率,受精率およびふ化率との関係

過とともに低下する．人工授精で高い受精率の卵を得るためには親魚の排卵時間の予測を行い，排卵確認後は短時間（6時間以内）のうちに媒精する必要がある．ブリでは前述したように，卵径を指標とした親魚選抜を行うことで親魚の排卵時間の予測が可能であることから，親魚から得られた排卵直後の卵を速やかに人工授精することで，良質な受精卵を安定確保できる．

f. 親魚年齢と採卵成績

ブリの採卵では3歳以上の親魚を使用することが多い．中でも4〜5歳魚で採卵数が多く，1尾当たり60万粒以上の卵が得られ，受精率などの卵質も良好である．6歳魚以上になると，採卵数の減少と卵質の低下が確認されている．一方で，親魚養成に必要な経費（餌料費，施設維持管理費など）や親魚の運搬，ホルモン投与などに伴う作業性を考慮すると，より低年齢で取り扱いの容易な小型個体を用いて採卵することが望ましい．2歳魚（体重6〜7 kg）と3歳魚（体重8〜11 kg）を用いて，HCG投与による採卵試験を行った結果，2歳あるいは3歳魚のいずれからでも採卵することは可能である．採卵数は3歳魚が1尾当たり約50万粒であるのに対し，2歳魚では1尾当たり約20万粒と少ないが，卵質は問題なかったことから，親魚数を増やすことで対処可能であろう．

通常，ブリ養殖業では天然種苗を導入してから2年以内に出荷を行う場合が多い．今後，ブリ人工種苗の量産化を展開するにあたっては，親魚の確保を養殖場と連携して行い，2歳魚を購入後，親魚養成は1〜2年間とすることで，親魚養成期間の短縮化が図られ，親魚養成コストも低減できるものと考えられる．

カンパチでも自然条件下で養成した親魚では，2歳魚（平均体重5.8 kg）からHCG投与によって採卵は可能であるが，採卵数自体が少ない．このため，種苗量産を前提とした採卵を行う場合には3歳魚以上の親魚を対象に用いている（浜

田，2009)．カンパチでは，自然水温が 24〜26℃に上昇する 5〜6 月にかけて 3〜5 歳魚を用いた場合に採卵数が多く，また，ふ化率も高くなることが報告されている．

4.5.5 ふ化までの卵管理

ふ化までの卵管理の過程では，その発生において最適な環境条件をつくり，健全な仔魚を生産することが重要である．ブリではこれまでにふ化容器と卵の収容密度，卵管理期間中の通気量と注水量が検討されてきた（虫明，1996)．

ブリに限らず受精卵の表面（受精膜）は大変繊細であり，特に物理的な損傷に大変脆弱で損傷を受けやすい．このため，受精卵の取り扱いには最大限の注意が必要である．受精卵を空中露出させて外的損傷を与えやすいタモ網やプラスチック容器を使用するのではなく，基本は必ず海水を介在させて受精卵を取り扱う．

採卵した受精卵はふ化容器へ収容する．ブリの受精卵は分離浮性卵で，大量にふ化させるにはゴース生地で作製した通称「ふ化ネット」（直径 90 cm×深さ 75 cm；図 4.23 左）あるいはアルテミアふ化器の逆円錐形部分を若干改良した通称「ふ化器」（直径 108 cm×中央部の深さ 155 cm；図 4.23 右）が主に使用されている．

これらのふ化容器の利点と欠点を表 4.10 に示した．ふ化ネットは，安価で取り扱いやすい反面，破損しやすい短所がある．また，通気や注水の影響で卵の吹きだまりが生じやすい．しかし，生地がなめらかなため，受精卵に損傷を与えにくく，必要に応じた卵の取り揚げがきわめて容易に行える．また，実容量が比較的小さいこともあり，卵のふ化までの間に行う沈下卵の除去が後述するふ化器よりも容易に行える．しかしその反面，ふ化した後の仔魚になると，取り揚げ時に仔魚がネットに付着し仔魚膜に物理的損傷を与えるため，その後の仔魚の生残に

図 4.23　ふ化ネット（左，中央）とふ化器（右）による卵管理

表4.10 ふ化ネットおよびふ化器の長所と短所

名称	実容量 (L)	長所	短所
ふ化ネット	410	取り扱いが容易 卵の取り揚げが容易 沈下卵の除去が容易	仔魚の取り揚げに熟練を要する 吹きだまりができやすい 破損しやすい 疾病対策上，ネット別の管理に不適
ふ化器	500	収容卵数が多い 疾病対策上，水平伝播の防除に有効 卵管理が容易 破損しにくい	取り扱いが不便 沈下卵の除去が困難

影響が出やすい．したがって，ネットからの仔魚の取り揚げには細心の注意を払う必要がある．また，隣接するネットとの病原微生物の水平伝播が容易に起こりうる．

一方，ふ化器は高価で大きさや重量があるが，大量の卵を収容することができ，容器が独立しているため，容器間の病原体の水平伝播の可能性がきわめて低い．また，吹きだまりなどが発生しにくいため卵管理が比較的容易に行えるとともに，熟練すれば卵や仔魚の取り揚げも比較的容易に行えるようになる．ただし，ふ化ネットの場合と比較すると，通気と注水を止めても構造上，沈下卵が1カ所に集積しにくく，沈下卵の除去には比較的長時間を要することが短所としてあげられる．

これらのふ化ネットあるいはふ化器への受精卵の収容密度に関しては，ブリ独自の試験は実施されておらず，シマアジでのデータが応用されている．卵のふ化率と仔魚膜の異常率を指標として検討された結果，ブリ受精卵のふ化ネットへの最大収容密度は66.7万粒（161万粒/kL）と考えられている（虫明，1996）．親魚の栄養状態や採卵時期などの卵管理に間接的な影響を与える要因を無視すれば，これまで経験的に特に問題は生じていない．

卵管理中の通気や注水は卵への溶存酸素の供給以外に，分離浮性卵の場合にはふ化容器内で卵を一様に分散させるうえで重要な意味をもつ．卵の収容密度と同様にブリ独自での実験結果に基づくデータはないため，これについてもシマアジでの事例を紹介する．

シマアジでは卵の卵管理期間中の通気と注水の影響に関する実験も行われた（虫明，1996）．毎分700 mLの通気量までは通気量の増加に比例してふ化率の上昇が認められ，それ以上ではごくわずかながらふ化率が低下する．また，仔魚膜

の異常率は，通気量が1000 mL以上になると高くなる傾向を示した．なお，無通気ではふ化直前の卵の沈降・堆積による酸素欠乏死でほとんどふ化しない．これらの結果から，シマアジでは卵管理中の最適通気量は700 mL/分と考えられ，同じ分離浮性卵であるブリでもこの条件が採用されている．

注水量についても同様の実験が行われた結果，6.5 L/分注水区で最も高いふ化率が得られた（虫明，1996）．得られた仔魚の仔魚膜異常率では，注水量の増加とともに高くなる傾向が認められ，シマアジでの卵管理中の最適注水量は6.5 L/分と考えられ，ブリの場合もこの値が採用されている．

4.5.6 ふ化仔魚の良否の判定

より健全な種苗を生産することは，量産と並んできわめて大きな目標である．そのためには，良質な卵や活力の高いふ化仔魚を得る必要がある．ふ化仔魚のいわゆる活力は経験的あるいは感覚的にある程度把握されているものの，数値化しない限り，科学的な検討対象とすることは困難である．

人工種苗の質的評価についてはサケやマダイなどでの報告がある．また，カサゴではふ化仔魚の無給餌飼育（飢餓耐性試験）を行い，その生残尾数と生残日数から無給餌生残指数（survival activity index：SAI）を求めて，ふ化仔魚の活力判定の評価指標の一つとすることが提案された（新間・辻ヶ堂，1981）．ブリの場合でもSAIが仔魚の活力判定に有効な指標になりうることが報告された（虫明ら，1993）．すなわち，①給餌飼育試験においてSAIが高い仔魚のロットほど10日齢までの初期生残率が高いこと，②海水を静止させた条件下で浮上する仔魚と沈下した仔魚とでSAIを比較すると，浮上仔魚の方が高いSAIを示すこと，③由来と年齢の異なる親魚を用いた誘発産卵および人工授精による採卵試験で得られたふ化仔魚では，仔魚のSAIは親魚の由来あるいは採卵方法とは無関係に若齢魚ほど高い値を示すことが判明した．なお，浮上卵率や受精率とSAIの間には有意な相関は認められなかったが，ふ化率との間に有意な相関があることが判明している．

また，無給餌飼育試験での水温18～24℃の範囲においては，試験水温（x_1）とSAI（y_1）との間に，

$$y_1 = -1.13 x_1 + 38.75$$

と有意な直線回帰が認められた．ここで，試験水温をx_1（℃：$18 \leq x_1 \leq 24$），水温x_1でのSAIをy_1とすると，ブリ受精卵の適正なふ化水温である20℃のSAI（y）

への補正は,

$$y = y_1 + 1.13(x_1 - 20)$$

により算出可能となった.

〔中田　久・虫明敬一〕

文　献

有元　操・津崎龍雄ほか（1987）．ブリの親魚養成と自然産卵．栽培技研, **16**, 63-79.
藤田矢郎（1990）．ブリ人工採苗事始．水産増殖, **38**, 303-304.
浜田和久（2009）．ブリ類2種の性成熟過程の解明と人為的成熟調節に関する研究．長崎大学博士学位論文, 5-53.
浜田和久・虫明敬一（2006）．日長および水温条件の制御によるブリの12月採卵．日水誌, **72**, 186-192.
原田輝男（1966）．人工ふ化，ブリの増殖に関する研究．近大水研報, **1**, 24-38.
木村武志・菊川里香ほか（2004）．水温と光周期調整によるブリ（*Seriola quinqueradiata*）の早期自然産卵試験．熊本水研報, **6**, 39-44.
古満目親魚養成前進基地（1978）．陸上水槽におけるブリの自然産卵．栽培技研, **7**, 51-54.
虫明敬一・藤本　宏ほか（1993）．ブリふ化仔魚の活力判定の試み．水産増殖, **41**, 339-344.
虫明敬一（1996）．シマアジおよびブリの親魚養成技術の開発に関する研究．広島大学博士学位論文, 45-47.
中田　久（2002）．トラフグおよびブリの親魚養成と採卵技術に関する研究．九州大学博士学位論文, 89-143.
中田　久・虫明敬一（2006）．水産学シリーズ148 ブリの資源培養と養殖業の展望（松山倫也・檜山義明ほか編），恒星社厚生閣, pp.76-78.
日本栽培漁業協会（1999）．栽培漁業技術シリーズNo.5 ブリの親魚養成技術開発, pp.1-2.
新間脩子・辻ヶ堂　諦（1981）．カサゴ親魚の生化学的性状と仔魚の活力について．養殖研報, No.2, 11-20.

 ## 4.6　種 苗 生 産

　わが国のブリ属（ブリ，ヒラマサおよびカンパチ）の種苗生産技術開発の取り組みは1960年代後半に始まり，現在ではその基盤となる技術はほぼ確立した段階に達しているといっても過言ではないだろう．1980年代には1シーズンに200万尾以上（最高生残率で40％）のブリ人工種苗の生産が可能になり，1990年以降は大量の種苗をつくることから健全な種苗（健苗）をつくること，すなわち，量から質へ舵が切られた．また，仔稚魚用の配合飼料の導入を図った結果，種苗生産工程の省力化，低コスト化のほか，活力に富んだ健苗の生産が可能になった．さらに，4.5節で述べたように，ブリ親魚からの早期採卵技術が開発され

(Mushiake *et al.*, 1998；浜田・虫明, 2006). 現在では, ほぼ周年にわたる採卵が可能になりつつあり, これに伴い希望する時期にあわせた種苗生産も可能になりつつある（藤浪・堀田, 2017）.

カンパチの種苗生産では, ブリの飼育手法を参考に 1990 年代後半には 10 万尾以上の種苗を生産することに成功している. その後, 2009 年から取り組まれた農林水産技術会議実用技術開発事業「カンパチ種苗の国産化及び低コスト・低環境負荷型養殖技術の開発」により, 養殖への種苗の供給を目的に安定した種苗生産技術が確立された. また, ブリに先行して周年にわたる採卵技術が開発され, 必要に応じて技術的にはいつでも種苗生産が可能な状況になっている（橋本ら, 2016）.

4.6.1　飼育方法

ブリ類の仔稚魚の飼育では, すでに飼育技術が開発されているマダイやヒラメなどの飼育手法をベースにして, ブリ類の仔稚魚に特有の生物学的特性を加味した飼育技法が開発された.

a. 受精卵の確保

人工種苗の利用目的によって, 採卵用親魚自体の確保や養成に関する手法が異なる. 当初は, 放流用種苗としての人工種苗の生産が目的だった. このときには天然魚を養成した親魚から受精卵を確保していた. しかし, 養殖用種苗の確保を目的とした種苗生産では, 養殖魚のトレーサビリティに対応するために飼育履歴の明らかな人工種苗が求められるようになったこと, また, 優れた形質を保存するための育種を視野に入れた親魚の継代育成が行われるようになったことから, 人工種苗から養成した親魚を育成して, それらの個体を用いて受精卵を得ている.

b. ふ化方法と収容

仔魚の飼育水槽への収容は, 受精卵で収容する場合（卵収容）とふ化仔魚で収容する場合（仔魚収容）がある. 受精からふ化までには, ブリでは 20℃で約 66 時間, カンパチでは 23℃で約 38 時間を要する. ブリ類の受精卵は, ふ化する直前に卵比重が増大して沈降・堆積するため, 酸素欠乏により発生が停止してしまうことが多い. これにより, 卵収容ではふ化率が極端に低下することが経験的に知られている. その対策として, 別にふ化用の小型水槽（500〜1000 L 規模）で卵のふ化管理を行い, ふ化完了後に飼育水槽へ収容する仔魚収容が多い. この場合, ふ化が完了しているかどうかを確認したうえで飼育水槽に収容するためふ化

率が高く，異常の少ないふ化仔魚を優先して収容することができる．一方，卵収容の場合は，ふ化管理やふ化仔魚の収容などの作業工程を省くことができるうえに，ふ化水槽から飼育水槽への仔魚収容の際の余計な物理的刺激を脆弱なふ化仔魚に与えない．最近では，水槽内で受精卵が水槽底に沈降しにくい通気方法の改良により，作業的に簡便な卵収容が実施されている事例もある．いずれも，飼育水槽におけるふ化仔魚の収容密度は 0.5～2.0 万尾/m³ である．

c. 飼育管理

ふ化仔魚収容時の飼育水温は，おおむね産卵水温に準じて設定される．その後，徐々に加温して産卵水温より約 2℃ 高い水温で維持し，ブリでは 20～22℃，カンパチでは 22～24℃ が種苗生産の適水温とされている．通気は，エアストンあるいは塩化ビニール製のエアパイプとの併用で行い，飼育水中の溶存酸素濃度を適正に維持するとともに，飼育水を水槽内で循環させるために緩やかな水流を形成することが重要である．特に，飼育初期の仔魚の水槽底への沈降やそれに伴う大量死亡を防ぐためには，通気による水流の形成が重要な意味をもつ．しかし，強度の通気は，仔魚の摂餌行動や鰾（うきぶくろ）の形成（開腔）を妨げるため（図 4.24），仔魚の状態を観察しながら通気量を調整する必要がある．また，飼育水槽内の水質悪化により水面に形成される油膜も鰾の開腔に必要な空気の呑み込みを阻害するため，鰾が開腔するふ化後 4～6 日までは油膜除去を行う必要がある．冷凍餌料と配合飼料は濁りなどの水質悪化を起こしやすく，配合飼料を給餌するときには溶存酸素濃度などの水質チェックを行い，特に，その急激な変動には注意を払う必要がある．

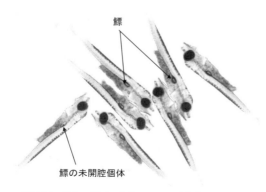

図 4.24　仔魚の鰾（ふ化後 7 日目，平均全長 4.5 mm）

d. 餌　料

　ブリ類はマダイやヒラメに比べて成長が速く，大型の生物餌料を大量に必要とする．このため，シオミズツボワムシ，アルテミアノープリウスに続き，養成アルテミア，天然海域より採集したカイアシ類（天然コペポーダ），ミジンコ（淡水産，海水産）および他種の魚卵やふ化仔魚などの多様な大型生物餌料を与える．しかし，多種・大量の生物餌料の培養あるいは採集には，多大な労力と経費を必要とし，安定的・継続的に確保することは困難である．このため，代替となる餌として開発された配合飼料や冷凍コペポーダなどがすでに開発・市販され，実際の種苗生産現場で使用されている．これにより，ブリ類の種苗生産ではワムシ，アルテミア，冷凍コペポーダおよび配合飼料による餌料系列が確立し，現在ではこれに則った飼育が行われている（図4.25）．

e. 生　残

　水槽中の仔稚魚は，様々な原因で死亡する．仔稚魚の生残状況を知ることは重要であり，ときには大量死亡を未然に防止することにも役立つ．飼育過程におけ

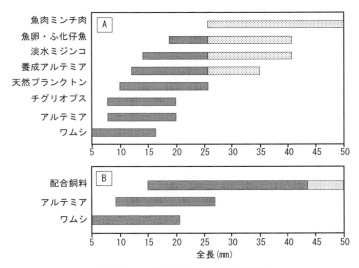

図 4.25　ブリ種苗生産における餌料系列
A：生物餌料を主体とした餌料系列（1986），B：配合飼料を主体とした餌料系列（1994），▬▬：陸上飼育，⋯⋯：海上飼育．配合飼料が導入されたことにより，海上生簀での魚肉ミンチ肉の餌付けは必要なくなり，陸上水槽での長期飼育が可能になった．

る仔稚魚の生残尾数は，収容後からふ化後15日目までは柱状サンプリング[*2]により，それ以降は水槽底の底掃除で排出された死亡魚の尾数より生残尾数を推定する．取り揚げ時には，重量法[*3]や目視による比色法[*4]あるいは魚数計（図4.26）により尾数を推定するが，この計数値と上記の推定値が一致することはほとんどない．ブリは共食いが激しく，捕食されて死亡した個体（底掃除では検出されない）が多いためと考えられる．

　1990年代のブリ類の種苗生産事例での典型的な生残状況をみると，ブリ，ヒラマサおよびカンパチとも，ふ化後10日目前後までの初期減耗と25日目以降の共食いによる減耗が共通した減耗要因となっており，現在もその傾向は同様である（図4.27）．魚類の種苗生産における初期減耗は，卵質，ふ化仔魚の活力，餌料，水温，塩分，光，水質，飼育水の流動など様々な要因が相互に影響しあった結果として生じているものと推察されるが，そのメカニズムが明らかにされていないものが多く，本種においても未解明のままである．ふ化後3日目までの減耗につ

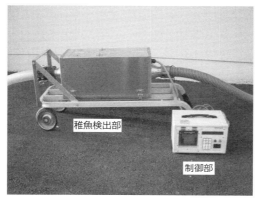

図4.26　魚数計（フィッシュカウンター）
海水とともに検出部を通過する稚魚を光センサーで感知して計数する．

[*2]　柱状サンプリング：直径40〜50 mmの塩化ビニール製のパイプを用いて水槽内の複数定点より飼育水を柱状にサンプリングし，その中に含まれる仔魚数を計数して容量法により算出する方法．
[*3]　重量法：計数する種苗の総重量に単位重量当たりの尾数を乗じて総尾数を推定する方法．
[*4]　比色法：同形同量の小型容器を複数用意し，そのうちの1つにあらかじめ計数した種苗を収容して基準サンプルとし，ほかの容器には取り揚げた種苗を基準サンプルと同量程度となるよう収容し，その密度を基準サンプルと目視で比較することにより尾数を推定する方法．

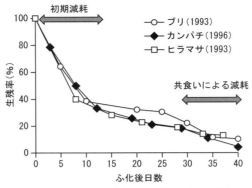

図 4.27 ブリ類の種苗生産における生残率の推移

いては遊泳能力の未発達な仔魚が飼育水槽底面に沈降し，体表面に水槽底部などとの物理的損傷を受けて死亡すると考えられている．現在では通気方法などの改善により，ふ化後10日目における生残率は50〜60％までに向上している．その後，生残状況はしばらく安定するが，ふ化後25〜35日目にかけて10〜20％が死亡する共食い現象が発現する．共食いによる減耗には，大型個体（捕食個体）が小型個体（被食個体）を捕食する「呑み込み」，大型個体が小型個体を呑み込めず両者とも死亡する「共倒れ」（図4.28），そして，大型個体による小型個体への「つつき行動」により小型個体がショック症状を呈して死亡する「ショック死」がある．これらのうちで最も大きい減耗はショック死で，小型個体は受けた刺激により数秒間狂奔状態になり鰓蓋を大きく開いて酸素欠乏症状を呈して死亡する（図4.29）．次に大きい減耗は捕食で，共倒れはわずかである．

カンパチの種苗生産では，ブリでみられるような呑み込みや共倒れはほとんどなく，大型個体が小型個体を攻撃するつつき行動によるショック死がほとんどで

 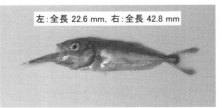

図 4.28 共倒れ
大型個体が小型個体を捕食したが，呑み込めず両者とも死亡する．

4.6 種苗生産

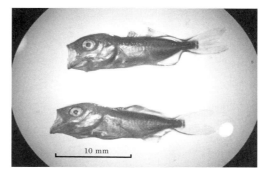

図 4.29 ハンドリング直後にショック症状で死亡したブリ稚魚
鰓蓋を大きく開き,酸素欠乏症状で死亡することが特徴である.

ある(橋本ら,2014).ブリの種苗生産では,共食いが初めて確認された時点から取り揚げまでの2週間で,共食いにより60%以上が死亡する(Sakakura and Tsukamoto, 1996).また,ヒラマサの種苗生産では,ふ化後20〜35日目までに死亡する個体の80%以上が共食い行動に関連するものであることが明らかにされている(蛭子・立原,1993).

このほかにも餌の切り替えに伴う餌付き不良による死亡や栄養的欠陥による死亡,取り揚げ時のハンドリングによる死亡,海上小割生簀への輸送の影響と思われる死亡などがあり,最終的な生残率は30〜40%となる.

f. 成 長

ブリでは,ふ化直後に全長が約3.5 mmであった仔魚は,水温22℃の場合はふ化後3日目で全長4.5 mm前後となり,開口して摂餌を開始する.その後,ふ化後4〜6日目で鰾が開腔する.仔稚魚には,成長に応じてワムシ,アルテミア,配合飼料を給餌する.仔魚はふ化後10日目で全長5 mm,20日目で8 mm,30日目で15 mmに成長し,外部形態的には稚魚となるが,その後20 mm前後で生理・生化学的にも稚魚期に移行すると判断される.全長10 mmになると骨格系がほぼ完成し,水流に逆らって持続的に遊泳することが可能になる.また,全長10〜15 mmは天然稚魚では流れ藻につく最小サイズにあたり,飼育下では夜間に水槽の水面に蝟集し始める(図4.30).一方,より大型の餌料を求めるようになり,前述の共食い行動が発現する.このため,全長15 mm以降では共食い対策として体サイズの選別が必要となる(後述).ふ化後40〜50日目で全長30〜40 mmに成長し,飼育水槽からの取り揚げを行う.取り揚げた稚魚は沖出し[*5]し

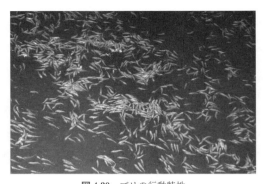

図 4.30 ブリの行動特性
夜間に飼育水槽の水面付近で睡眠様状態となり浮遊して蝟集するブリ稚魚
(ふ化後 30 日目, 平均全長 17 mm).

て, 放流や養殖に利用できるサイズ (全長 150〜200 mm) までの中間育成を行っている.

また, カンパチでは, ふ化直後に全長が約 2.9 mm であったふ化仔魚は, ふ化後 3 日目で 4.0 mm 前後となり, 開口して摂餌を開始する. 10 日目で 5 mm, 20 日目で 13 mm 前後に成長し, 稚魚期に移行する. 稚魚期への移行後に同種間での攻撃性が発現し, 特につつき行動がみられる. その後, ふ化後 30 日目で全長 25 mm 前後, 40 日目で全長 40 mm 前後に成長し, 種苗の取り揚げを行う. 取り揚げた稚魚は屋内の陸上水槽や海上の小割生簀網に収容し, 養殖に利用できるサイズ (全長 50〜150 mm) までの中間育成を行っている.

4.6.2 飼育管理技術の高度化

ブリ類の飼育方法は, マダイやヒラメなどの他魚種の飼育方法と基本的には同じである. しかし, ブリ類の種苗生産では, ①ふ化直後開口までおよびふ化後 10 日目前後の減耗が大きい, ②稚魚期以降もハンドリングに対してきわめて弱い, ③大量の生物餌料が必要である, ④形態異常が多発する, ⑤稚魚期の共食いによる死亡が多い, ⑥同時期の天然種苗に比べて体サイズが小さいなどが問題点としてあげられる. 特に初期減耗と共食いによる死亡は, ブリおよびカンパチで

[*5] 沖出し:種苗生産工程の最終段階で飼育水槽から取り揚げた種苗を海上の中間育成用の海上生簀に移動・収容すること.

は種苗生産の全期間を通して死亡の80％以上を占め，全長30 mmまでの生残率はブリで10％，カンパチで数％程度となっていた（図4.25）．

これらの問題を解決するため，水産研究・教育機構で飼育手法の検討が行われ，現在ではブリで全長30〜40 mmの種苗を生残率30〜40％，カンパチでは20〜30％で取り揚げることが可能となった．

a. 飼育水の環流

本種の種苗生産における初期減耗は，様々な要因が相互に影響しあった結果として生じるものと考えられるが，いまだ解明には至っていない．死亡の状況からみると，表面張力により捕捉されて水面に浮かんだ状態で死亡する「浮上死」と体比重（体密度）が海水より増大することにより水槽底に沈降して死亡する「沈降死」に大別される．特にブリ類では，ふ化後3日目までの沈降死が大きな減耗の一つとなっている．飼育開始当初の仔魚は遊泳力が弱く，通気による刺激にも弱いため，エアストンを用いてごく弱く通気を施していたが，その結果，飼育水が停滞して水槽底面に沈んで死亡する例が多発した．そこで，沈降死の防除対策として，水槽の四隅にエアパイプを設置し（図4.31），エアストンとともに通気を行うことにより，仔魚の沈降を防止でき，開口までの生残率が大きく向上した．

b. 鰾の開腔

ブリ類は，マダイと同様に開口後の1〜3日の間に水面から空気を呑み込むことによって鰾に最初の空気を導入し開腔する．しかし，飼育水面に油膜があると，仔魚の空気の呑み込みを阻害する．未開腔魚は，浮力の調整という鰾本来の機能を有していないことからその後の成長や生残が開腔魚に比べて劣る．

ふ化後5〜10日目のカンパチ仔魚の体密度を調査した結果，鰾が開腔した仔魚の体密度（$1.021〜1.027$ g/cm^3）が海水の比重（1.024 g/cm^3）に近い値であるのに対し，未開腔仔魚（$1.033〜1.039$ g/cm^3）はそれよりも大きくなっている（照屋ら，2009）．このため，未開腔仔魚は正常な仔魚よりも沈降しやすくなり，水中で定位するための遊泳行動に負担が生じる．その結果，摂餌数が減り，成長が遅れる傾向がみられる（橋本ら，2012）．ブリでも未開腔魚は成長が遅れることが確認されており，攻撃性の発現する稚魚期には成長の遅れた未開腔稚魚が共食いにより死亡しやすいと考えられる．

また，鰾の未開腔は脊椎骨異常による形態異常を引き起こすことも知られている（北島ら，1981）．水産研究・教育機構では1990年以前に生産されたブリ種苗は全長130 mmを超えると脊椎骨が上方に屈曲する魚が多数出現し，正常な魚の

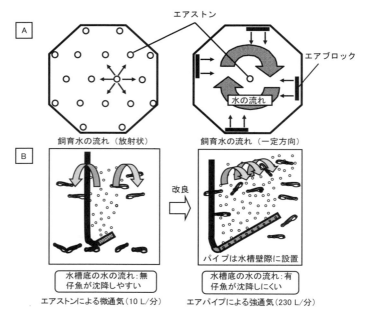

図 4.31 通気方法により生じる飼育水の流れが仔魚の沈降に及ぼす影響
A：エアストンおよびエアパイプの配置と飼育水の流れ，B：飼育水の流れと仔魚の沈降．エアパイプは1辺の1/2程度の長さのパイプに10 cm間隔で直径1 mmの穴をあけ，水槽の四隅に設置して通気を行う．→：局所的な水の流れ，⇨：水槽全体の水の流れ．

出現割合は20〜30％ときわめて低かった．

　鰾の開腔には，ふ化後3〜7日目までの間，日中に油膜の除去を頻繁に行うことが必要である．油膜除去法の中でも，水面の環流により連続的に油膜を除去する方式（図 4.32）が最も有効であり，同時に仔魚の空気の呑み込みの妨げにならない程度に通気を弱く施すことにより，鰾が正常に開腔する個体の割合は80〜90％まで向上した．しかし，油膜除去を行っても未開腔の個体がごく一部みられるため，さらに塩分を7.5％に調整した高海水に稚魚を浸漬して未開腔個体を沈下させて選別・除去することで，脊椎骨上湾魚の出現は現在ではほぼ防除されている．

c. 栄養要求

　ブリではアルテミアの長期間の単独給餌を行うと，全長10 mm以降に急激に種苗の活力が低下し，ハンドリングなどの刺激やほかの個体からの攻撃（つつき行動）によりショック症状を呈した死亡がみられる．このような現象は，天然プ

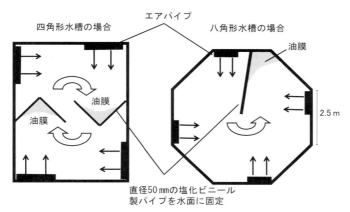

図4.32 飼育水を環流させているときの油膜除去
⇨：飼育水表面の環流方向．

ランクトンを給餌した場合にはみられないことから，その原因として餌料中のドコサヘキサエン酸（DHA）の欠乏による活力の低下が疑われた．その後，ブリ稚魚の栄養要求に関する試験が数多く実施され，本種ではマダイやヒラメなどに比べてDHAをはじめとするn-3高度不飽和脂肪酸の要求量が高いこと，栄養強化によってワムシとアルテミアのDHA含量を高くすることにより生残率が向上することが明らかとなっている．現在では，仔稚魚の栄養要求を考慮した配合飼料やDHAを多く含む冷凍コペポーダも市販されており，これらを与えることにより，全長15 mmサイズでのDHAの欠乏によるハンドリングなどの外因性の刺激による死亡（ショック死）がほとんどみられなくなっている（図4.33）．

また，近年，ブリの人工種苗は天然種苗よりタウリン含量が低いこと，人工種苗の餌であるワムシとアルテミアは天然餌料のコペポーダに比べてタウリン含量が低いこと，ワムシのタウリン含量を高くすることが初期の成長促進に有効であることが明らかにされている．これによりタウリンについても注目されるようになり（Matsunari *et al.*, 2013），DHAやタウリン含量が高い冷凍コペポーダも利用されている．

d. 配合飼料の利用

本種の量産化では，大型の生物餌料を大量に必要とすることが隘路となり，1986年からマリノフォーラム21が主催する配合飼料研究会において大型の生物餌料に代替可能な微粒子配合飼料の開発が行われた．1990年代前半には，全長

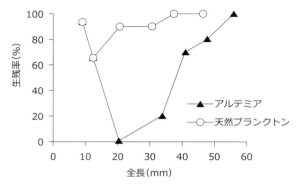

図 4.33 異なる餌料を給餌した種苗の空中干出試験における生残率の推移
活力は仔稚魚をゴース地ネットのタモ網に 30 尾収容して 10 秒間の空中干出を行い，1 時間魚の生残率で示した．アルテミアを給餌した場合は全長 10 mm サイズより急激に活力が低下し，全長 20 mm サイズ以降徐々に回復する．一方，天然プランクトンを給餌した場合にはほとんど活力の低下はみられないことから，栄養的な差異によるものと推察された．

10 mm サイズのブリ仔魚が摂餌可能な飼料が開発され，ワムシ，アルテミア，配合飼料による餌料系列が確立した．通常，餌料系列に従って餌の種類を切り替える場合，切り替え前後の餌を併用して新しい餌に馴致（餌付け）する期間を設ける．特に，生物餌料から配合飼料に切り替えるときの馴致では，両者を同時に与えた場合には仔魚が生物餌料を選択的に摂餌することから，ブリではアルテミアの給餌量を減らすあるいは一定時間与えないなどの制限給餌を行う必要がある．同時に，仔稚魚が常時配合飼料に遭遇できるように飼育水槽全面に撒布する給餌方法が重要である．配合飼料の馴致の際には大きい体サイズの魚の方がより容易に配合飼料を摂餌する傾向があり，馴致期間も短くてすむ．しかし，馴致サイズが大きくなると馴致開始時の体サイズ差がより大きくなることから，共食いが誘発され，結果的に大きな減耗を引き起こす（後述）．どのサイズで餌付けを行うかは，担当者に依存する部分があり一概に決められないが，ブリでは全長 15 mm サイズから餌付けを行い，全長 20 mm サイズからは配合飼料を主体に給餌する場合が多い．

e. 体サイズの均一化

魚類における共食いは魚種を問わず広く知られており，ブリ類の種苗生産では全長 15 mm サイズより共食い行動が発現し，頻繁に観察される．共食いの主原因は餌不足であり，さらに体サイズの較差の要因が加わるとその発現頻度は著し

く増大する.このため,共食いの発現を抑えるには,つねに仔稚魚が要求する十分な量の飼餌料を与えること,体サイズ差を極力なくすことが重要である.1990年以前は,大量の大型生物餌料を給餌する一方で,全長 8 mm サイズで昼間水面付近にパッチ(仔魚が蝟集した状態)を形成する小型魚を飼育水ごとバケツですくって別の水槽に収容する方法によりサイズ選別を行っていた.しかし,この方法は多大な労力を必要とするうえに,小型魚をすべてすくい取ることはほぼ不可能に近いことから,十分な共食い防止効果は得られなかった.

1990 年以降は,配合飼料が生産現場に導入された.前述のように,ブリでは配合飼料の給餌を開始する全長 15 mm サイズは共食いが発現する時期に相当する.配合飼料の馴致期間中には生物餌料の制限給餌によって一時的な餌不足が生じ,このことが共食いを誘発する.このため,配合飼料の馴致を行う前に体サイズの均一化を行っておく必要が生じた.そこで,新たな選別方法として,全長 15 mm サイズになった時点で飼育水とともに飼育水槽から全数を取り揚げて選別用の網に収容するサイズ選別技術を開発した.この方法は,全長 10 mm サイズ以上のブリでは照度が 10^{-3} lx 以下になると水面で浮上横臥状態となる行動特性を利用したもので,夜間に浮上横臥する稚魚(図 4.34)をサイホン管で隣の水槽に吸い出し,稚魚にハンドリングによるストレスをかけることなく大型魚と小型魚に選別を行うものである(図 4.35).この手法を用いることにより,ブリ類ではいままで困難であった体サイズによる選別をほぼ完璧に実施することが可能

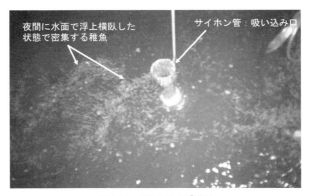

図 4.34 ブリのサイズ選別
夜間に水面で浮上横臥状態となるブリの行動特性を利用し,水面付近で密集した稚魚をサイホン管で隣の水槽に吸い出す(ふ化後 30 日目,平均全長 17 mm).

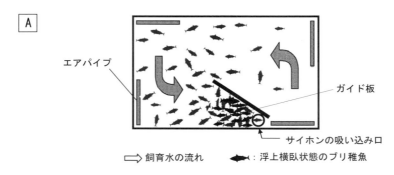

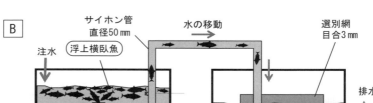

図 4.35 ブリの夜間取り揚げおよび選別の概要
A：飼育水槽直上からみた飼育水の流れと種苗の分布，B：種苗の取り揚げとサイズ選別の概要．飼育水槽から移送水槽の選別網に吸い出された稚魚は，大型魚は網の中に滞留し，小型魚は網の外に抜け出る．

になり，かつ現場作業の大幅な省力化に著しく貢献した．また，生残率の比較から選別はその後の共食いを未然に防止し，死亡も大幅に低減することがブリの種苗量産試験で実証された（図 4.36）．この夜間サイズ選別方法は，現在では同属のカンパチやヒラマサ種苗生産においてもその有効性が実証されている．

一方，カンパチでは成長に応じて給餌する飼餌料のサイズを制限することにより，大型魚の出現を抑える方法が開発されている（Hashimoto *et al.*, 2015）．種苗生産における餌料系列では仔稚魚の成長に応じて与える餌料のサイズを大きくすることから，大型個体は小型個体よりも先に大型の飼餌料を摂餌することで速く成長し，体サイズ差がより大きくなる．そこで，ワムシの次にアルテミアを給餌するときには，すべての仔魚がアルテミアを摂餌できるサイズまで成長したの

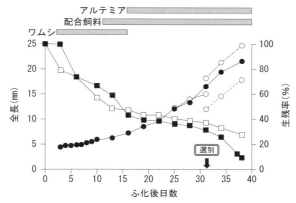

図 4.36 ブリの種苗生産における成長・生残および餌料系列
○:全長(サイズ選別あり),●:全長(サイズ選別なし),□:生残率(サイズ選別あり),■:生残率(サイズ選別なし),○(一点破線):全長(大型群),○(破線):全長(小型群)を示す.飼育手法の改良により,ワムシ,アルテミア配合飼料の餌料系列による飼育が可能になり,サイズ選別を行うことにより共食いによる死亡は大きく軽減された.

を確認して初めてアルテミアを給餌する．この方法を用いることにより，同調的にアルテミアを摂餌するようになり，大型個体の出現を抑制することが可能となり，カンパチの体サイズを均一化させることに成功した．その後，アルテミアの給餌期間中には餌不足による体サイズ差が生じないように頻繁に飽食給餌を行うことにより次の配合飼料に切り替える全長15〜20 mm サイズまで同調的に成長させる．この手法は大量のアルテミアを準備しなければならないものの，サイズ選別作業が不要であり，配合飼料への馴致が容易である．

f. 形態異常防除

初期減耗に加えて，健全種苗の量産上大きな障壁となるのが種苗の形態異常である．形態異常の中でも，かつて多発していた脊椎骨上湾症は，鰾の開腔との因果関係が明らかになりほぼ防除された．しかし,頭部や肛門部の陥没,口部変形,鰓蓋欠損，短躯などについては，現在もしばしば出現しており，人工種苗の価値を下げる要因となる．この問題は人工種苗の普及を進めるうえで喫緊の課題であるが，過去 50 年にも及ぶ魚類の人工種苗生産への取り組みの歴史の中でいまだ解決されていない最難関課題の一つである（森島，2016）．

種苗生産の現場では，形態異常個体は体サイズの小さい小型群に多くみられる傾向があるという担当者の飼育経験に基づき，その出現を抑えるための取り組み

や工夫が行われている．4.6.2項eでも触れたが，給餌する飼餌料のサイズを制限することにより，群れの中に大型魚あるいは小型魚の出現を抑えることが可能である．ブリでは，ワムシとアルテミアの併用給餌期間，あるいはアルテミアと配合飼料の併用給餌期間を極力短くすることにより，サイズの大きい飼餌料に餌付かない小型個体は餓死することから，小型魚の出現を抑えることが可能である．取り揚げ時の生残率としては低減するものの，形態異常個体の出現率を低下させることには大きく貢献すると考えられる．

g. 早期種苗生産

ブリにおける早期採卵技術（4.5節を参照）では，現在では陸上水槽における養成親魚の飼育環境条件を制御する技術を活用することにより，夏場を除くほぼ周年にわたって任意の時期での採卵が可能なりつつある．これにより，従来よりも約半年早い10月に採卵された受精卵と，従来と同時期の4月に採卵された受精卵を同様の飼育方法で種苗生産を行った結果を比較すると，全長30 mmで取り揚げるまでの成長や生残は，4月の受精卵で生産した種苗生産結果と何ら遜色のない結果であった（図4.37）．現在ではこの技術は事業化にまで進展しつつあり，ニッスイグループの黒瀬水産では2016年度には9，11，1月に計3回の採卵を行い，それぞれの時期に得られた受精卵を用いた3回の種苗生産において，80万尾以上の種苗生産に成功し，その平均生残率は実に50％前後に達している（ニッスイ，2017）．また，カンパチでもブリの早期採卵技術を応用することにより，ほぼ周年にわたり受精卵の確保が可能となったことで，必要に応じて周年に

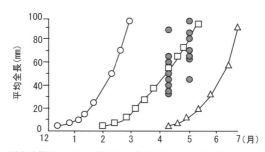

図4.37 採卵時期別のブリの成長と五島海域に出現する天然モジャコのサイズ ○：12月採卵，□：2月採卵，△：4～5月採卵における生産魚の成長，●：天然モジャコの全長を示す．2002年には12月の採卵に成功し，同時期の天然魚よりも成長の速い人工種苗の生産に成功している．いずれの群も水温が20℃以上になるまでは加温飼育を行った．

わたり任意の時期での種苗生産を行えるようになった．水産研究・教育機構では2010年度に6，8，11，12および3月の年5回にわたり，それぞれに養成された親魚群を用いて採卵を行い，得られた受精卵を用いて5回の種苗生産を実施した結果，合計の種苗生産数は42万尾で，平均生残率は16％に達した（橋本ら，2016）．このように，上述したブリ類の種苗生産技術は，現在では1年を通していずれの任意の時期においても可能な段階まで高度化されつつある．

4.6.3 今後に向けて

現在，ブリ類の種苗生産技術は一定の水準で安定的に飼育できる段階に達しつつある状況である．加えて，養成親魚の環境制御技術の進展により受精卵の"必要な時期"に採卵し，種苗の"必要なサイズ"を任意の時期に供給可能な，いわば「オーダーメイド」型の種苗生産技術の完成に近づきつつある段階である．しかし，養殖用に供給される天然種苗が2000万尾以上と試算される中，人工種苗の生産量は全体の5％以下であり，現時点では"必要な数量"を供給するには至っていない．今後は，より実用的な技術，すなわち"必要な時期に必要なサイズの種苗を必要量だけ供給可能な技術"の確立が求められている．これを解決するには，以下の3つの課題が特に重要と考えられる．

1つめの課題は，必要な量の供給である．現在，ブリ種苗の量産が可能な機関は現時点では国内では3機関のみであり，その生産総数量は100万尾程度である．これに対して，ブリ養殖業界からの人工種苗へのニーズは現時点で300万尾以上といわれる．種苗生産技術をより多くの種苗生産機関に普及させ，国内で量産できる体制を確立することが求められる．

2つめの課題は，必要な時期に供給することである．現在，種苗生産は受精卵さえ入手できれば周年実施可能であり，特に早期種苗は養殖魚の出荷時期より逆算した必要な時期に供給が可能である．しかし，問題は沖出し後の中間育成である．ブリの人工種苗は低水温に弱く，特に20℃以下の低水温期に沖出しする場合，その中間育成場において成長が停滞するとともに，ウイルス性腹水症などの発生により生残率が急激に低下するため，養殖経営そのものが危機に瀕する．このため，中間育成は加温育成などが可能な陸上水槽で実施するか，水温が20℃以上の温暖な海域（九州南方の種子島以南の海域）で実施することが想定される．このように必要な時期に人工種苗を供給させるためには，種苗生産の後の中間育成のことを視野に入れて行う必要があり，低水温期の中間育成場所の確保，あるい

は低水温に耐えられるサイズの種苗，すなわち必要なサイズの種苗を供給することが重要である．

3つめの課題は，種苗コストの削減である．天然種苗は 50〜80 mm サイズで取引されるが，同じサイズの人工種苗の生産価格は天然種苗より高いのが現状である．また，供給時期，供給サイズによっては，加温あるいは冷却コストが親魚養成や種苗生産経費に加算されることになる．さらに，種苗生産，中間育成あるいは養殖場がそれぞれ地理的に離れていれば，輸送コストも加算される．このため，コスト削減に向けて，種苗生産では形態異常の少ない良質な種苗を効率的に飼育できる技術が求められる一方，種苗コストは必要な時期，必要なサイズによって異なることから，それぞれにおける親魚養成，種苗生産，中間育成において，最も効率的で低コスト型の飼育管理技術の開発が必要であろう．

ブリ養殖においては今後も天然種苗を利用した養殖が主流であることは間違いないが，必要な時期に必要なサイズの種苗を必要量だけ供給可能な人工種苗の特性を利用した養殖技術の進展への要望も増えていくと思われる．今後，人工種苗の普及にあたっては，各養殖業者の要望に合わせて採卵や種苗生産時期，中間育成方法をデザインし，求められる種苗を供給することが必要となるであろう．

〔塩澤　聡・橋本　博〕

文　　献

蛭子亮制・立原一憲（1993）．ヒラマサ種苗生産における共食いによる減耗．長崎水試研報, **19**, 1-7.
藤浪祐一郎・堀田卓朗（2017）．ブリ人工種苗の技術開発の歩みとメリット．養殖ビジネス, **54** (1), 8-10.
浜田和久・虫明敬一（2006）．日長および水温条件の制御によるブリの 12 月採卵．日水誌, **72**, 186-192.
橋本　博・今井彰彦ほか(2012)．鰾の開腔状態が異なるカンパチ仔魚の摂餌と成長．水産増殖, **60**, 99-106.
橋本　博・林　知宏ほか（2014）．カンパチ種苗生産における仔稚魚の体サイズ差と攻撃行動および共食いの関連．水産増殖, **62**, 259-271.
Hashimoto, H., Hayashi, T. et al.(2015). Effects of different *Artemia* feeding schedules on body size variation in greater amberjack, *Seriola dumerili*, larvae. *Aquacult. Sci.*, **63**, 127-134.
橋本　博・小田憲太朗ほか（2016）．鹿児島湾のカンパチ養殖における人工種苗の適正な沖出し時期の検討．水産増殖, **64**, 223-229.
北島　力・塚島康生ほか（1981）．マダイ仔魚の空気飲み込みと鰾の開腔および脊柱前彎症との関連．日水誌, **47**, 1289-1294.
Matsunari, H., Hashimoto H., et al.(2013). Effect of feeding rotifers enriched with taurine on the

growth and survival of larval amberjack *Seriola dumerili*. *Fish. Sci.*, **79**, 815-821.
森島 輝 (2016). ブリの人工種苗普及と導入状況 早期採卵種苗の市場へのインパクト. 養殖ビジネス, **53**(7), 8-11.
Mushiake, K., Kawano, K. *et al.*(1998). Advanced spawning in yellowtail, *Seriola quinqueradiata*, by manipulations of the photoperiod and water temperature, *Fish. Sci.*, **64**, 727-731.
ニッスイ (2017). ニッスイ独自の養殖への取り組み 養殖技術の高度化で新領域を開拓. GLOBAL, **88**(7), 4.
Sakakura, Y., Tsukamoto, K.(1996). Onset and development of cannibalistic behaviour in early life stages of yellowtail. *J. Fish Biol.*, **48**, 16-29.
照屋和久・浜崎活幸ほか (2009). カンパチ仔魚の成長にともなう体密度と水槽内鉛直分布の変化. 日水誌, **75**, 54-63.

4.7 疾病と対策

養殖魚の疾病には，病原微生物や寄生虫を原因とする「寄生体性疾病」と，環境や栄養の不適による「非寄生体性疾病」がある．本節では，ブリ類（ブリ，カンパチおよびヒラマサ）養殖業における主要な寄生体性疾病とその対策について概説する．

4.7.1 ウイルス病

ウイルスは，遺伝情報としてDNAかRNAの一方だけを有することから，DNAウイルスとRNAウイルスに大別できる．宿主細胞の代謝系を利用して増殖するため，標的となるウイルスだけに作用して宿主に対する毒性が低い薬剤の開発は難しい．魚類養殖におけるウイルス病対策には治療薬がないため，疾病の発生と拡大を防ぐための措置が基本になる．

a. マダイイリドウイルス病

二本鎖DNAウイルスのイリドウイルス科に分類されるマダイイリドウイルス (red sea bream iridovirus：RSIV) が引き起こす病気である．ブリ類を含む30種以上の海産魚類で本病の発生報告があるが，1990年の初確認が養殖マダイの症例であったことが疾病名の由来である．国際獣疫事務局（OIE）のリスト疾病として国際的な防疫対象となっており，海外から侵入して日本国内で拡散した可能性が高い（河東ら，2017）．

マダイイリドウイルス病は夏から秋の高水温期に流行し，25℃以上で死亡率が高くなる．魚種にかかわらず0歳魚の発生・被害が多い．罹病魚の鰓は褪色し，

図 4.38 マダイイリドウイルス病の病魚鰓弁にみられる黒褐色点［口絵5参照］

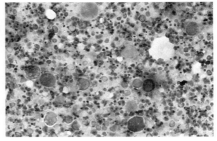

図 4.39 マダイイリドウイルス病の病魚脾臓のスタンプ標本（ギムザ染色）にみられる異形肥大細胞［口絵6参照］

鏡検で鰓弁全体に小さな黒褐色点が多数観察される（図 4.38）．剖検では内臓諸器官の褪色や脾臓の腫大が認められ，ギムザ染色などを施した脾臓スタンプ標本の鏡検で，異形肥大細胞（細胞質が塩基性色素で染まる大型細胞）が確認できる（図 4.39）．なお，RSIV の増殖適温は 20〜25℃で，培養には GF 細胞（イサキ鰭由来の株化細胞）が適し，球形化を特徴とする CPE（細胞変性効果）が発現する．

予防には基本的にワクチンが用いられる（表 4.11）．発症魚に有効な治療法はないが，マダイでは高密度飼育や低品質餌料の給餌が死亡率を増加させることが知られ，ブリ類でも飼育密度や飼餌料の適正管理が重要とされる．

b. ウイルス性腹水症

二本鎖 RNA ウイルスのビルナウイルス科に属する yellowtail ascites virus（YTAV）が引き起こす病気である．1980 年頃からブリ種苗に発生していたが，1983 年に罹病魚から YTAV が分離されウイルス病であることが確定した．

ブリ養殖では，天然種苗導入後の水温 20℃ 前後でウイルス性腹水症が発生し，ときに大量死による被害を与えるが，水温が 25℃ 付近まで上昇すると魚の成長とともに終息する傾向がみられる．腹部が膨満する特徴的な外観症状を呈し（図 4.40），腹水の貯留や肝臓の出血が観察できる．また，マダイイリドウイルス病と同様に鰓弁には多数の黒褐色点が形成される．

現在のところ，ウイルス性腹水症に対して有効な対策はない．採捕直後のブリ天然種苗や，種苗生産場で採卵用に養成されていたブリ親魚から YTAV が検出された報告があることから，種苗の由来が重要と考えられている．本症に限らず養殖場で感染症が発生した場合には，水平伝播による被害拡大を防ぐためにすみやかな死亡魚の除去・処分が不可欠である．

表 4.11 養殖ブリ類への使用が承認されているワクチン (2019 年 1 月末現在)[*1]

ワクチン種類	アジュバント添加の有無	投与法	マダイイリドウイルス病 (RSIV)	ビブリオ病 (Vibrio anguillarum) J-O-3型	類結節症 (Photobacterium damselae subsp. piscicida)	レンサ球菌症 (Lactococcus garvieae) I型	II型	レンサ球菌症 (Streptococcus dysgalactiae)
〈単身ワクチン〉								
イリドウイルス病不活化ワクチン	有[*2]・無	注射	○					
α溶血性レンサ球菌症不活化ワクチン (1価)	無	経口・注射				○		
α溶血性レンサ球菌症不活化ワクチン (2価)	無	注射				○	○	
〈2種混合ワクチン〉								
イリドウイルス病およびα溶血性レンサ球菌症不活化ワクチン	無	注射	○			○		
α溶血性レンサ球菌症およびビブリオ病不活化ワクチン	無	注射		○		○		
α溶血性レンサ球菌症および類結節症不活化ワクチン[*3]	有	注射			○	○		
〈3種混合ワクチン〉								
イリドウイルス病, ビブリオ病およびα溶血性レンサ球菌症不活化ワクチン	無	注射	○	○		○		
類結節症, α溶血性レンサ球菌症およびビブリオ病不活化ワクチン[*3]	有	注射		○	○	○		
α溶血性レンサ球菌症, ビブリオ病およびストレプトコッカス・ジスガラクチエ不活化ワクチン[*4]	無	注射		○		○		○
〈4種混合ワクチン〉								
イリドウイルス病, ビブリオ病, α溶血性レンサ球菌症および類結節症不活化ワクチン	有	注射	○	○	○	○		

[*1]: 消費・安全局畜水産安全管理課 (2019) をもとにして作成.
[*2]: ブリだけに使用可.
[*3]: ブリとカンパチだけに使用可.
[*4]: カンパチだけに使用可.

図4.40 ウイルス性腹水症による腹水貯留で腹部が膨満した病魚

4.7.2 細菌病

細菌はグラム染色性によって，グラム陰性菌とグラム陽性菌に大別される．グラム染色とは，細胞壁構造の違いによって細菌を染め分ける手法で，薬剤感受性との関連から臨床的意義もある．ブリ類養殖では，主要な細菌病に対して抗菌剤を用いた治療が可能であるが（表4.12），過度の使用は薬剤耐性菌の出現につながるため，薬剤の選択と使用は慎重に行う必要がある．また，魚類の細菌病の大部分は，宿主の生理状態が影響する日和見感染症であり，魚の健康管理が重要になる．

a. ビブリオ病

グラム陰性短桿菌である *Vibrio* 属細菌による感染症の総称で，日本では1960年代以降にブリを含む多くの養殖海産魚種で発生が報告され，日和見感染症の集合とみなされている（石丸・中井，2017）．養殖ブリ類のビブリオ病では *Vibrio anguillarum* 感染症が代表的であり，春から夏の稚魚育成時に発生しやすい．罹病魚は体表や鰭に糜爛性の患部を形成し死亡する．剖検では腸管の発赤がみられることが多い．*V. anguillarum* の増殖適温は25℃前後である．

V. anguillarum には多数の血清型が知られるが，ブリ類のビブリオ病の主体をなすJ-O-3型感染症に限り，2001年以降にラクトコッカス症などとの2～4種混合ワクチンが承認されている（表4.11）．また，養殖ブリのビブリオ病治療薬として，現在6種の抗菌剤が承認されている（表4.12）．養殖現場では本病対策に塩酸オキシテトラサイクリン製剤が汎用されるが，原因細菌種によって薬剤感受性が異なるため，抗菌剤選択にあたっては考慮が必要である．

b. 類結節症

グラム陰性短桿菌である *Photobacterium damselae* subsp. *piscicida* の感染症

表 4.12 養殖ブリ類への使用が承認されている抗菌剤 (2019年1月末現在)[*1]

有効成分	ビブリオ病	類結節症	レンサ球菌症	ノカルジア症
〈抗生物質〉				
βラクタム系				
アンピシリン		○		
マクロライド系				
エリスロマイシン			○	
リンコマイシン系				
塩酸リンコマイシン			○	
テトラサイクリン系				
塩酸オキシテトラサイクリン	○			
アルキルトリメチルアンモニウムカルシウム	○		○	
オキシテトラサイクリン			○	
塩酸ドキシサイクリン			○	
その他の抗生物質				
ホスホマイシンカルシウム		○		
〈合成抗菌剤〉				
フェニコール系				
チアンフェニコール[*2]	○	○		
フロルフェニコール[*2]		○	○	
キノロン系				
オキソリン酸		○		
サルファ剤				
スルファモノメトキシン	○			○
スルファモノメトキシンナトリウム	○			○
スルフイソゾールナトリウム[*3]	○	○		○

[*1]:消費・安全局畜水産安全管理課 (2019) をもとに作成. すべて経口投与剤.
[*2]:抗生物質 (クロラムフェニコール) の誘導体であるが合成抗菌剤に分類される.
[*3]:ブリだけに使用可.

で, 養殖ブリ類稚魚の死亡率の高い細菌病として 1969 年頃から知られている. 本症の流行は水温が 20℃ を超えた梅雨期に始まることが多い. 外観症状に乏しいが, 剖検で観察される腎臓や脾臓の小白点 (臓器内の細菌集落と凝固壊死巣による結節様構造) が特徴的であり (図 4.41), 疾病名の由来となっている. 原因細菌は 1990 年代まで *Pasteurella piscicida* に同定されていたことから, ブリ類以外の魚種 (ヒラメなど) では疾病名としてパスツレラ症が用いられる (金井, 2017). *P. damselae* subsp. *piscicida* の増殖適温は 23~30℃ である.

ブリ類養殖では 2009 年から類結節症の予防にワクチンが使用可能になった(表 4.11). 抗菌剤の経口投与による治療が可能であるが, *P. damselae* subsp. *piscicida* のブリへの病原性は強く, 病状進行がきわめて速いことから早期投薬

図 4.41 類結節症の病魚脾臓に形成された小白点
[口絵 7 参照]

が必要で，投薬の遅れは大量死につながる．養殖ブリの本症治療薬として，現在 6 種の抗菌剤が承認されている（表 4.12）．養殖現場では本症に対する一次選択薬剤としてアンピシリン製剤が汎用されるが，*P. damselae* subsp. *piscicida* はペニシリン系抗生物質に対して耐性を獲得しやすい．アンピシリン耐性菌が出現した場合には，オキソリン酸，ホスホマイシンカルシウム，フロルフェニコールなどの製剤が選択され，いずれの抗菌剤についても使用に際して原因細菌の薬剤感受性の把握が必要である．

c. 細菌性溶血性黄疸

細菌性溶血性黄疸は，1985 年頃から養殖ブリに発生していたとされるが，病魚から分類学的位置の不明な原因細菌（グラム陰性長桿菌）が分離されて，1991 年に細菌病であることが確定した．その後，初分離から 25 年を経た 2016 年に *Ichthyobacterium seriolicida* の学名（新属新種）が与えられた．現在までにブリ以外の魚種で本病の発生は報告されていない．

養殖ブリの細菌性溶血性黄疸は，夏から秋にかけて 1 歳魚以上の大型魚群に発生して被害を与えることが多い．罹病魚は摂餌低下とともに，体色（特に腹部や口唇部）の黄変を呈して死亡する．剖検では脾臓の肥大が顕著である．本病の瀕死魚や新鮮な死魚の血液中には多数の細い長桿菌が鏡検で観察される（図 4.42）．

有効な対策は確立されていないが，実験的には *I. seriolicida* 菌体成分を合成したサブユニットワクチンの有効性が確認されている（中易，2014）．また，*I. seriolicida* は多くの抗菌物質に感受性を示すが（反町・前野，1993），養殖ブリの本病に対して承認された薬剤はない．

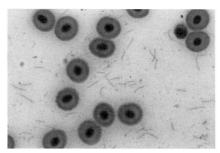

図 4.42 細菌性溶血性黄疸の病魚血液にみられる原因細菌（ギムザ染色）

d. レンサ球菌症

レンサ球菌症はグラム陽性球菌である *Streptococcus* 属細菌による感染症の総称であるが，歴史的経緯からラクトコッカス症を含める場合が多い（日本魚病学会, 2015）．

(1) ラクトコッカス症

グラム陽性球菌である *Lactococcus garvieae* の感染症で，日本の海産魚類養殖に最も大きな被害を与えてきた疾病といえる．1974年にブリ病魚から分離された本症の原因細菌は，α溶血性を示すレンサ球菌の一種として報告されたことで，α溶血性レンサ球菌症の疾病名が関係業界に広く浸透した．原因細菌は，1991年に *Enterococcus seriolicida* として新種記載されたが，1996年に *L. garvieae* に再分類されて現在に至っている（吉田，2016）．本症はシマアジなどブリ類以外の養殖種にも発生する．

ブリ類養殖では，ラクトコッカス症が周年にわたり魚齢に関係なく発生するが，特に夏から秋にかけての被害が大きい．罹病魚は，眼球の白濁，周縁出血および突出，尾柄部の潰瘍などの外観症状を呈して死亡する（図4.43）．剖検では心臓外膜の白濁肥厚（心外膜炎）が特徴的な症状である（図4.44）．脳炎を発症して狂奔遊泳する病魚も認められる．

日本初の海産魚類用ワクチンは1997年に承認されたブリのラクトコッカス症の経口ワクチンであるが，同症の注射ワクチン承認とともに適応魚種もブリ属魚類へと拡大された2001年以降は，ブリ類養殖現場へ注射ワクチンが急速に普及し，本症の被害とともに抗菌剤の使用も激減した．現在では本症単身ワクチンのほかに，マダイイリドウイルス病などとの2～4種混合ワクチンが承認されてい

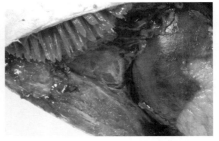

図 4.43 ラクトコッカス症の病魚眼球の白濁と周縁出血［口絵 8 参照］　　図 4.44 ラクトコッカス症の病魚心臓外膜の白濁肥厚［口絵 9 参照］

る．ところが，2012 年以降に従来型（I 型）とは異なる血清型（II 型）の L. garvieae による感染症が発生するようになり，従来のワクチンでは予防効果が低いため，ブリ類養殖で本症が再び拡大傾向にある．2016 年には I 型と II 型の L. garvieae を含む 2 価のワクチンが承認され，養殖現場で使用できるようになった（表 4.11）．

ラクトコッカス症は抗菌剤の経口投与による治療が可能であり，現在 5 種の抗菌剤が承認されている（表 4.12）．養殖現場ではエリスロマイシンやリンコマイシンが汎用されるが，歴史的には抗菌剤の多用によって原因細菌 L. garvieae の多剤耐性化が問題となった時代がある（福田，2016）．ブリ類養殖ではワクチン接種によって本症の発生を未然に防ぎ，抗菌剤に依存しない養殖を心がけることが重要である．

ブリは飼育海水の溶存酸素低下で L. garvieae の感染を受けやすく，感染後の死亡率も高くなる．また，過給餌による酸素消費量増加や，寄生虫病による鰓機能異常に起因する酸素不足でも，ラクトコッカス症に対する抗病性が低下すると考えられる．本症の予防にはワクチンの使用に加えて，良好な養殖環境や適正な飼育技術が欠かせない．

(2) レンサ球菌症

ブリ類養殖で発生する主な（狭義の）レンサ球菌症には，Streptococcus iniae 感染症と S. dysgalactiae 感染症がある（吉田，2016）．

S. iniae 感染症は，原因細菌の溶血性にちなんで β 溶血性レンサ球菌症とも呼称され，海産魚ではヒラメ養殖における発生と被害が最も多い．ブリの S. iniae 感染症の初確認は 1976 年の症例と考えられており，その後も養成初期の稚魚で

散発的な発生の報告がある（佐古，1998）．罹病魚の症状は，ラクトコッカス症に類似した眼球の白濁や心外膜炎などに加えて，脊椎の変形が観察されている．治療には，ラクトコッカス症と同様の抗菌剤が使用される．

S. dysgalactiae 感染症は，原因細菌がランスフィールドの血清型別でC群に型別されることから，C群レンサ球菌症とも呼ばれる．2002年の養殖カンパチ病魚からの *S. dysgalactiae* 分離が本症の初確認であるが，ブリ養殖でも発生が報告されている．夏の高水温期に多発し，大型魚が主に死亡する．罹病魚の外観症状は尾柄部の壊死病巣形成が特徴的で，ラクトコッカス症のような眼球異常はみられない．心外膜炎は多くの病魚で認められる．養殖カンパチに限りS. *dysgalactiae* 感染症のワクチンが，ビブリオ病およびラクトコッカス症との3種混合ワクチンとして2010年に承認されている（表4.11）．また，本症の治療にもラクトコッカス症と同様の抗菌剤が使用されるが，オキシテトラサイクリンに対しては耐性菌が多い．

e．ノカルジア症

グラム陽性糸状菌である *Nocardia seriolae* の感染症で，ブリ類養殖で1967年頃から知られている．原因細菌の種名として *N. kampachi* が長らく用いられていたが，1980年代末に *N. seriolae* へ変更されて現在に至っている．*N. seriolae* は抗酸菌染色（チール・ネルゼン染色など）で弱抗酸性の性状を示す．

養殖ブリ類のノカルジア症の主な流行期は，初秋から晩秋の水温下降期である．魚齢に関係なくブリ類を死亡させるが，1歳魚以上の出荷対象魚で発生した場合の被害が大きい．罹病魚は外観症状から，躯幹部の皮下や筋肉に形成された膿瘍や結節によって体表に膨隆患部や潰瘍が出現する躯幹結節型（図4.45）と，鰓に結節が形成される鰓結節型（図4.46）に大別される．剖検では脾臓や腎臓などに

図 4.45 ノカルジア症の病魚体表に形成された膨隆患部

図 4.46 ノカルジア症の病魚鰓に形成された結節
［口絵10参照］

図 4.47 ノカルジア症の病魚脾臓に形成された粟粒状結節 [口絵 11 参照]

形成される白色の粟粒状結節が特徴的である(図 4.47).

ノカルジア症に有効なワクチンは開発されていない.体表に損傷を受けたブリは *N. seriolae* に感染しやすく,予防にはハダムシなど外部寄生虫の駆除とともに,体表修復能を低下させない飼料の選択などの養殖管理が重要になる.養殖ブリの治療薬として現在 3 種類の抗菌剤が承認されており,いずれもサルファ剤である(表 4.12).結節中の病原細菌には薬剤が効きにくく,感染初期の投薬が必要である.しかし,死亡魚が出現する 1~2 カ月前に感染が始まると推察されており,投薬のタイミングを計ることは難しい.

f. 非結核性抗酸菌症

非結核性抗酸菌症は,結核菌群と癩菌を除く *Mycobacterium* 属に類別される細菌による感染症と定義される(日本魚病学会,2015).養殖ブリの非結核性抗酸菌症の初確認は 1985 年で,強抗酸性を示すグラム陽性の短桿菌である *Mycobacterium* 属の一種が原因細菌として報告されている.

ブリ類養殖における非結核性抗酸菌症は,ミコバクテリア症とも呼ばれ,高水温期に発生しやすい.罹病魚は,腹部の膨満や肛門の発赤開口などの外観症状を呈して死亡する.剖検では腹水の貯留とともに,特徴的な白色結節が脾臓,腎臓などに観察される(図 4.48).現状では本症に有効な予防法や治療法がなく,被害拡大を最小限に抑えるために病死魚の除去に努める以外に対策はない.

4.7.3 寄生虫病

魚類の寄生虫病の原因生物は,微胞子虫類から甲殻類まで広範な分類群にわたる.寄生虫病の防除にはその感染環の遮断が重要であるが,原因生物それぞれの

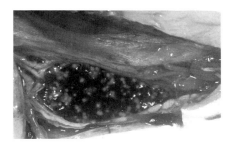

図 4.48 非結核性抗酸菌症の病魚脾臓に形成された白色結節［口絵 12 参照］

生態も様々であり，生活環が解明されていないものが多い．また，駆虫剤や駆虫法などの対策が可能な魚類寄生虫はわずかであり，多くの寄生虫病は治療が困難である．なお，本項で用いた寄生虫の標準和名は横山・長澤（2014）に従った．

a. べこ病

日本でブリ小割養殖が始まって間もない 1960 年代から知られる疾病で，微胞子虫類である *Microsporidium seriolae*（ブリキンニクビホウシチュウ）の感染によって発病する．

べこ病は種苗導入後の稚魚育成期の発生が多く，罹病魚の体側筋肉内に形成される白色不定形のシスト集塊（図 4.49）には，大きさ約 $3 \times 2\,\mu\mathrm{m}$ の胞子が無数含まれる．重度感染魚は死亡することもある．胞子形成を終了したシストが崩壊し，周囲の筋肉組織を融解させて体表に陥没部位が生じる（図 4.50）．この外観症状が疾病名の由来である．

図 4.49 べこ病の病魚筋肉内に形成されたブリキンニクビホウシチュウのシスト集塊

図 4.50 べこ病による筋肉融解で体表に陥没部位が生じたブリ稚魚

成長とともにシストが消失して自然治癒するが，重度感染魚では治癒後に出荷サイズに達してもシストの一部が残存し，商品価値を落とす．ブリ類の種苗生産では，ろ過海水を使用した陸上飼育で本病の発生を抑制できることが知られており，駆虫薬の開発研究が進められている（横山，2017）．

b. 白点病

海産魚類の白点病の原因寄生虫は，繊毛虫類の *Cryptocaryon irritans*（シオミズハクテンチュウ）で，魚の皮膚や鰓などの上皮組織内に寄生する（図 4.51）．本病は 1930 年代から海水水族館の 100 種を超える魚種で報告があり，海産魚類養殖においても陸上飼育施設を用いるヒラメなどで発生しやすい．カンパチなどの網生簀養殖では，水温が低下する秋や台風通過後の発生例が知られる．

罹病魚の皮膚や鰓には径 0.5 mm 程度に達した *C. irritans* の成熟虫体が，肉眼で白点として観察されることが疾病名の由来である．本虫の多数寄生を受けた魚群では，遊泳が緩慢になるとともに摂餌の低下がみられ，上皮組織の広範囲な剥離が進行すれば，浸透圧調節異常や呼吸障害による大量死が発生する．

ブリ類養殖で白点病に使用できる駆虫剤はないが，対策に必要な *C. irritans* の生活環や生態に関する知見が集積されている（良永，2009）．魚に寄生した虫体（トロホント）は宿主細胞を摂食して成長し，成熟とともに宿主から離脱し水底でシスト化する．やがてシスト（トモント）から多数の仔虫（セロント）が遊出して魚に感染（寄生）するが，仔虫の感染力は短時間のうちに失われ，寿命も遊出後 1 日程度である．網生簀養殖で本病が発生しやすい条件は，水深が浅く海水交換の悪い漁場における過密な養殖が想定される．本病の被害が頻発する養殖海域では養殖生簀の密度や配置などの見直しが必要であろう．

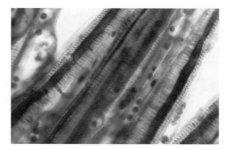

図 4.51 白点病の病魚鰓弁にみられるシオミズハクテンチュウの虫体（トロホント）

c. 粘液胞子虫病

 刺胞動物のミクソゾア上綱に属する粘液胞子虫類は，ほとんどが魚類を宿主とする寄生虫で，宿主魚の体内で粘液胞子を多数形成することが特徴である．一般的な粘液胞子虫類の生活環は，魚類寄生（粘液胞子虫世代）と環形動物寄生（放線胞子虫世代）の交互宿主性であるが，ブリ類に寄生する粘液胞子虫類で生活環が解明されたものはなく，治療法も開発されていない．

 (1) 粘液胞子虫性側湾症

 ブリの粘液胞子虫性側湾症は，双殻目粘液胞子虫の *Myxobolus acanthogobii*（マハゼシズクムシ）が脳に寄生し，0.07～0.4 mm 大の白色シスト集塊が第 4 脳室内に形成されて発病する．ブリ養殖では 1981 年頃から本症の存在が知られ，原因寄生虫に *M. buri* の種名が与えられたが，古くからマハゼの脳寄生種として知られる *M. acanthogobii* と同種であることが 2004 年に示された．シスト内部に多数産生された *M. acanthogobii* の粘液胞子は，約 11×7 μm の楕円形で 2 個の極嚢をもつ（図 4.52）．

 粘液胞子虫性側湾症を発症したブリは，脊椎骨が左右に湾曲し，重症化すると複雑にねじれた状態になり，醜悪な外観を呈して商品価値を失う（図 4.53）．本症が直接の原因で死亡することはない．*M. acanthogobii* による脊椎湾曲症は養殖マサバでも知られている．

 M. acanthogobii の生活環は未知であるが，養殖ブリへの感染が稚魚期における環形動物（交互宿主）の捕食で成立するとの仮説に基づき，ブリ稚魚育成時に早朝から夕方までの連続的な給餌で天然餌料捕食を抑制して，本症の発病率を減少させた報告もある．本症の発生には地理的な偏りがうかがわれることから，ブ

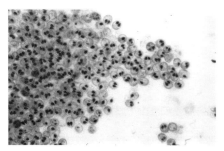

図 4.52 粘液胞子虫性側湾症の病魚脳内に形成されたシスト中のマハゼシズクムシの粘液胞子（ギムザ染色）

図 4.53　粘液胞子虫性側湾症によって脊椎骨が湾曲したブリ

リ稚魚育成場の選択も対策の一つとされる．

(2) 奄美クドア症

奄美クドア症の原因寄生虫は，1970 年に奄美大島のブリ養殖場で発見された多殻目粘液胞子虫の *Kudoa amamiensis*（アマミクドア）である（横山，2016）．罹病魚の筋肉内には大きさ 1～2 mm の白色粒状シストが多数形成され，商品価値が失われる．宿主魚に致命的影響はみられず，形成されたシストは 1 年以上経過しても消失しない．シスト内部に多数産生された *K. amamiensis* の粘液胞子は，径が 5～6 μm で 4 個の極囊をもつ．

K. amamiensis の生活環は未知であるが，サンゴ礁域に分布するスズメダイ類が野生の宿主魚として知られている．日本では，奄美クドア症は奄美と沖縄の一部の海域に限って発生する風土病とされ，これらの海域でブリ類の養殖や中間育成を行わないことが，本症の対策である．なお，*K. amamiensis* 分布海域におけるブリ種苗の陸上池流水飼育で，用水の紫外線照射処理によって感染を防除できることが報告されている．

d. ハダムシ症

ハダムシ症は扁形動物のベネデニア亜科に属する単生虫類の皮膚寄生症で，養殖ブリ類には *Benedenia seriolae*（ブリハダムシ：図 4.54）と *Neobenedenia girellae*（シンハダムシ）が寄生する．両種を肉眼で区別することは困難である．ブリ網生簀養殖の創成期（1950 年代）から知られる *B. seriolae* に対して，*N. girellae* は 1990 年代に中国から養殖用種苗として輸入されたカンパチとともに日本に侵入した寄生虫である（小川・白樫，2017）．*B. seriolae* はブリ類だけに寄生するが，*N. girellae* はブリ類以外の養殖種（トラフグ，ヒラメなど）にも寄生して被害を与える．

ハダムシ類は宿主魚の皮膚に吸着して上皮を摂食するため，罹病魚の皮膚には

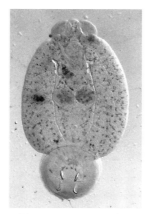

図 4.54　ブリハダムシ成虫

びらんや出血が生じる.ハダムシ症が直接の死亡原因となることはまれであるが,魚の成長を遅らせ,体表患部は二次的な病原微生物の感染門戸となる.ブリ類養殖ではハダムシ類の寄生が周年みられ,定期的な駆虫作業が欠かせない.最も一般的な駆虫法は淡水浴で,寄生を受けた魚を淡水に5〜10分間浸漬する(図4.55).ブリ類養殖におけるハダムシの駆虫には,過酸化水素を有効成分とする薬浴剤と,プラジクアンテルを有効成分とする経口投与剤が承認されている(消費・安全局畜水産安全管理課,2019).

網生簀養殖ではいずれのハダムシも,魚体上の成虫から産出された虫卵が一端に備わる付属糸によって網地に絡まり感染源になる(図4.56).したがって,駆虫作業と同時に生簀網の交換が推奨される.また,漁場水温とハダムシの種類に

図 4.55　ブリの皮膚に寄生するハダムシ(淡水浴直後)

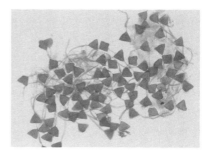

図 4.56　ブリハダムシの虫卵

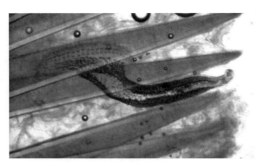

図 4.57 ブリの鰓弁に寄生するブリエラムシ

よって，虫卵のふ化日数，幼生が成虫になるまでの日数などが異なるため，駆虫作業の間隔設定には留意が必要である．

e. エラムシ症

扁形動物の多後吸盤類に属する単生虫類の鰓寄生症で，養殖ブリには *Heteraxine heterocerca*（ブリエラムシ）が寄生し，カンパチとヒラマサでは *Zeuxapta japonica*（ニホンフセイチュウ）が寄生の主体となる．*H. heterocerca* は 1960 年代からブリ養殖で問題になっていた寄生虫であるが，*Z. japonica* は 1980 年代のカンパチ養殖の増加とともに顕在化した寄生虫といえる．

エラムシ類は把握器で宿主魚の鰓弁に固着して吸血するため（図 4.57），罹病魚の鰓は貧血によって褪色する．ブリ類養殖でエラムシ類の寄生は周年みられるが，多数寄生を受けて鰓が虚血状態になった魚は死亡する．エラムシ類は淡水浴で駆虫できず，承認された駆虫剤もない．*H. heterocerca* の駆虫法として濃塩水浴が検討されているが，宿主魚に悪影響を与えるため現在は行われていない．エラムシ類の虫卵は付属糸で絡まりあった長い卵塊として成虫から産出され，生簀の網地に絡まって感染源になるため，定期的な生簀網の交換は虫卵の除去に有効とされる．

f. 魚類住血吸虫症

扁形動物のサンギニコラ科に属する吸虫類による寄生症である．日本のブリ類養殖で本症（当初の疾病名は血管内吸虫症）が最初に問題となったのは 1983 年のカンパチの大量死で，*Paradeontacylix grandispinus*（オオトゲカンパチジュウケツキュウチュウ）と *P. kampachi*（カンパチジュウケツキュウチュウ）の 2 種が原因寄生虫として報告された．養殖ブリにも 1980 年代から住血吸虫症が知

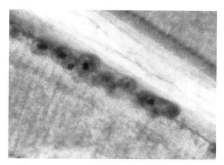
図 4.58　ブリの鰓血管に集積した住血吸虫卵

られるが，原因寄生虫に *P. buri* の種名が与えられたのは 2015 年になる．ヒラマサの住血吸虫は *Paradeontacylix* 属の未同定種である（白樫・小川，2016）．

　ブリ類住血吸虫は宿主魚の心臓や鰓血管内に寄生し，成虫が産出した虫卵は血流に乗って鰓弁や入鰓動脈などに集積し血行を阻害する（図 4.58）．重度の虫卵集積は宿主魚に血管栓塞による酸素欠乏を引き起こし，直接の死亡原因となる．養殖ブリ類の鰓に虫卵は周年観察されるが，重度集積症例は 0 歳魚に多い．

　ブリ類の住血吸虫の生活環（一段階の中間宿主を必要とする）に関する知見は断片的で，いずれの種も中間宿主は特定されていない．駆虫剤も承認されておらず，有効な防除法はない．鰓に虫卵が集積した魚群では，幼生がふ化遊出するまで，罹病魚の酸素消費を抑える目的で給餌制限が行われる．

g. カリグス症

　節足動物の甲殻類のうちカイアシ類の *Caligus* 属（ウオジラミ類）は，海産魚の外部寄生虫として多くの種が知られている．ブリ類養殖で問題となる寄生種は，*Caligus spinosus*（ブリウオジラミ）と *C. lalandei*（モジャコウオジラミ）であり，いずれも日本の養殖ブリ類 3 種に寄生する．ウオジラミ類は雌雄異体で，雌成虫は 1 対の卵嚢を備える．卵からふ化した自由生活性のノープリウスは，コペポディドへ変態して宿主魚に寄生し，カリムス幼体を経て成虫になる．

（1）鰓カリグス症

　ブリ養殖では 1960 年代から，*C. spinosus* の鰓寄生症である鰓カリグス症が知られている．罹病魚の鰓には，主に鰓弓と鰓耙に寄生する成虫（図 4.59）と，前額糸を打ち込んで鰓弁に寄生するカリムス幼体（図 4.60）が観察され，これらの寄生部位には炎症や出血が認められる．成虫は鰓腔や口腔内にも寄生する．*C.*

 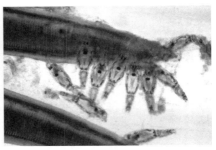

図 4.59 鰓弓と鰓耙に寄生するブリウオジラミ成虫［口絵 13 参照］

図 4.60 鰓弁に寄生するブリウオジラミのカリムス幼体

spinosus の寄生は周年みられ，少数寄生では特に異常が現れないが，多数寄生を受けた魚群は摂餌不良を示し，死亡被害が発生することもある．本虫の駆虫法や対策は十分に検討されていない．

(2) 皮膚カリグス症

養殖ブリ類の皮膚カリグス症は *C. lalandei* の皮膚寄生症である．日本のブリ類養殖では1989年頃から *C. lalandei* の寄生が知られるようになったが，本種は外国から持ち込まれた可能性が示唆されている．雄成虫は極端に長い尾肢（尾端の突起）が特徴的である．罹病魚は体表の出血やびらんの症状を呈する(図4.61)．本症は宿主魚の直接の死亡原因にはならないが，体表の損傷部位は二次的な病原微生物感染の門戸となりやすい．本虫についても駆虫法や対策の検討例がない．

〔福田　穣〕

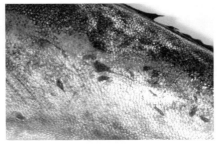

図 4.61 モジャコウオジラミの寄生による皮膚のびらん［口絵 14 参照］

文　献

福田　穰（2016）．海産魚類の疾病防除法に関する研究．魚病研究，**51**，137-143．
石丸克也・中井敏博（2017）．ビブリオ病．魚病研究，**52**，120-125．
金井欣也（2017）．類結節症．魚病研究，**52**，53-56．
河東康彦・栗田　潤ほか（2017）．マダイイリドウイルス病．魚病研究，**52**，57-62．
中易千早（2014）．ワクチンの基本と日本初のサブユニットワクチン開発．養殖ビジネス，**51**(5)，3-6．
日本魚病学会（2015）．選定された魚病名（2015年改訂）．魚病研究，**50**，218-230．
小川和夫・白樫　正（2017）．ハダムシ症．魚病研究，**52**，186-190．
佐古　浩（1998）．ブリの *Streptococcus iniae* 感染症に関する研究．南西水研報，**31**，63-120．
白樫　正・小川和夫（2016）．海産養殖魚の住血吸虫症．魚病研究，**51**，92-98．
消費・安全局畜水産安全管理課（2019）．水産用医薬品の使用について（第32報），農林水産省，34p．
反町　稔・前野幸男（1993）．ブリ"黄疸症"原因菌の各種薬剤に対する感受性．魚病研究，**28**，141-142．
横山　博（2016）．クドア症．魚病研究，**51**，163-168．
横山　博（2017）．べこ病．魚病研究，**52**，181-185．
横山　博・長澤和也（2014）．養殖魚介類の寄生虫の標準和名目録．生物圏科学，**53**，73-97．
吉田照豊（2016）．レンサ球菌感染症およびラクトコッカス症．魚病研究，**51**，44-48．
良永知義（2009）．大被害を及ぼす海産白点病大発生メカニズムの解明が進む．養殖ビジネス，**46**(11)，22-25．

4.8　育　　　種

4.8.1　育種とは

　育種とは，育成・栽培生物自体に遺伝的改良を加えて新しく人間にとって有用な品種・系統をつくることであり，作物や家畜・家禽，菌類（キノコ，酵母）のほとんどが育種されてできた品種・系統である．作物における育種は農耕の発祥とともに始まったとされており，1万年以上前ともいわれている．それらは有史以前には，経験的な育種により様々な系統が多数生まれたが，膨大な失敗の末の成功の産物であり，長大な時間がかかったものと推測される．

　近代的な育種は，メンデル遺伝が再発見された1900年以降より始まり，遺伝学の確立とともに育種学も発展してきた．この育種学を活用した育種では，育種対象となる性質や特徴（形質）の遺伝的特性を実験的に確認し，科学的根拠をもって遺伝的改良が進められるようになった．近年になると，急速に技術が発展したゲノム解析やバイオテクノロジーが育種に活用できるようになっており，高成長

や病気に強いといった目的とする形質を支配する遺伝子自体を特定して選抜することも可能になってきた．

育種のゴールとして品種・系統が完成すると，品種名がつけられて区別されるようになる．品種として登録されると，他品種と異なる特性が認められたことになり，ブランド化にとって非常に有益なツールとなる．例えば，イネではコシヒカリやひとめぼれ，あるいはヒノヒカリといった代表的な品種をはじめとして，2017年までに800種類以上が品種登録され，各地でブランド米が生産されている．残念ながら魚類では品種登録の実例は全くない．

海外では大規模な育種プロジェクトが展開されている．ノルウェーのサーモンや東南アジアのティラピアなどでは育種・改良が進み，多くの系統が樹立されている．国内での育種の実例としては，近畿大学が長年取り組んできたマダイの高成長系統，東京海洋大学が中心となって進めたヒラメの耐病性系統などがあげられる．なお，各県の水産試験場などの試験研究機関では，比較的小規模な育種プロジェクトが実施されてきたが，大規模な産業レベルで利用される系統樹立までには至っていない．ブリ類では，養殖種苗のほとんどはまだ天然種苗を利用した形態であるが，人工種苗を用いた養殖についても民間企業を主体として取り組んでいる．

4.8.2　遺伝特性：質的遺伝形質と量的遺伝形質

育種にとって形質の遺伝的特性の理解は，最適な育種手法を選択するうえで非常に重要である．遺伝的制御に着目して形質を分類すると，質的遺伝形質（以下，単に質的形質）と量的遺伝形質（以下，単に量的形質）に分けられる（水間ら，1996）．

質的遺伝とは，基本的に1組の対立遺伝子により形質発現が支配されており，環境の影響はほとんど受けない．メンデルが実験したエンドウの種子の表現型である丸，しわは質的形質であり，その他，動物であっても体色などの見た目で明確に識別できる形質がこれに相当する．一方，量的遺伝とは，体長や体重のように連続的な数値をとる形質であり，多数の遺伝子により形質発現が支配される．量的形質は，一般的に環境の影響も受けやすいとされ，遺伝学的な仮説として多数の効果の弱い遺伝子（ポリジーン）で制御されているといわれてきた．しかし，実際にゲノム解析が進んでくると，効果の強い少数の遺伝子（メジャージーン）と効果が弱く多数の遺伝子（マイナージーン）が存在していることがわかってきた．

それぞれの形質に関して育種を行う場合，質的形質は形質や遺伝子により単純に選抜することが可能であるが，量的形質の場合には複雑に形質値がコントロールされているため，1つの遺伝子やマーカーで選抜をすることは難しい．

4.8.3 親子の相関関係を利用した選抜効果の予測

人々が経験的に育種を始めるきっかけとなったのは，「子が親に似る」という現象（相関関係）に気づいたからだと推測される．また，親子でどの程度似ているのかは，各形質における遺伝的要因の大小によって変化する．簡単にいうと，遺伝的要因が大きい形質では親子はよく似ており，遺伝的要因が小さい形質では親子はあまりに似ていないことになる．この遺伝的要因の大小は，親子の測定データを使えば簡単に知ることが可能である．例えば，両親の体重の平均値と子の体重をグラフにプロットすると，遺伝的要因が大きい場合には，両親の平均値が大きいほど，子も大きくなる（図4.62a）．一方，遺伝的要因が小さい場合には，両親の平均値が大きくとも，子はそれほど大きくはならない（図4.62b）．なお，

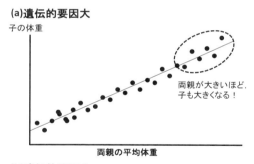

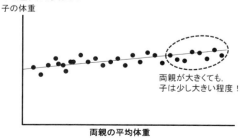

図4.62　両親の平均体重と子の体重の関係

このように親と子の体重(形質)の関係にモデル(数式)を当てはめることを回帰分析と呼び，前述の親子の体重などは直線的なグラフで示される

$$Y = aX + b$$

の回帰式に当てはめられる．詳細な説明はここでは避けるが，このグラフの傾き(a)は，遺伝率という遺伝育種学的な指標と条件付きで一致することが知られている．

　体重のような量的形質では，その数値の分布は平均値を中心とした左右対称な山型に分布(正規分布)する(図4.63)．親魚を選抜する際に大型個体を選ぶと，集団全体と選抜した親魚候補と平均値(選抜魚平均)の差が求められ，この差を選抜差と呼ぶ．この選抜差に遺伝率(前述した回帰式の傾き)を掛け合わせると，次世代における改良をある程度予測することが可能である．このように親子の形質値の関係や実際に選抜した際の情報があれば，育種の大まかな見通しが可能となり，目標を達成するためには上位何%程度の親魚を選抜するのかを設定できるようになる．中長期で実施する必要がある育種では，育種コストとその経済効果のバランスが重要なため，育種の効果が大まかにでもシミュレーションできることは，育種プログラムの規模や妥当性を検証するうえで大きな意味がある．

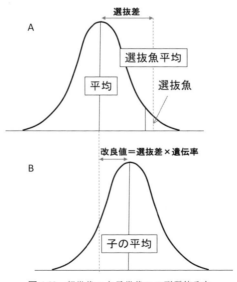

図4.63　親世代Aと子世代Bの形質値分布

4.8.4 育種素材

育種に活用する系統や品種，個体などを「育種素材」と呼ぶ．作物や家畜のように育種の歴史が古い生物では，多くの系統や品種が作出されてきており，作物では品種間交配により育種を進める場合がほとんどである．既存の品種を用いるメリットは，既存育種素材から希望の特性をもった品種を狙い通りに作出可能なことである．しかし，多くの品種が存在していても種内の遺伝的多様性は決して高いわけではないので，目的に沿った育種素材が存在しない場合もある．

一方，日本ではブリの育種が一部で行われてきたが，育種の歴史自体が浅い本種では，育種素材となる系統や品種はほとんど存在しておらず，野生個体を育種素材として利用することになる．これらの野生個体は，各個体が遺伝的に独立した存在であり，特性の把握を一から行う必要がある．これらの手間は育種を進めるうえで大変不利にみえるが，様々な育種素材が無限に存在している点では非常に有利ともいえる．すなわち，豊富な材料を活用して新たな系統・品種を育種できる点はブリの大きな魅力であり，育種研究者にとって魅力的な対象種といえる．

4.8.5 遺伝的管理

育種素材を育種に活用し，一般的な選抜育種を進める場合，特定の指標によりよい親魚を選んで継代していくことになる．この場合，遺伝的に無計画な継代を進めると，多様性の低下に伴い遺伝的改良が頭打ちとなったり，近親交配により遺伝的な欠陥（形態異常）が顕在化したり，育種が思うように進まなくなってしまう．このような育種のリスクを解消するには，集団の遺伝的管理を実施していく必要がある．この遺伝的管理とは，遺伝的多様性の低下の防止と近親交配の実施を回避することである．なお，遺伝的多様性の低下に伴って近親交配のリスクが高まるため，これらの2項目が同じように扱われることが多いが，管理方法は微妙に異なるので注意が必要である．以下に具体的な事例を参考に説明を加える．

遺伝的多様性は，育種を開始する時点の育種素材の数や創始集団の遺伝的多様性に強く影響される．例えば，A集団（天然個体の100尾）とB集団（全兄弟個体の100尾）を比較すると，A集団は天然個体100尾分の遺伝子の種類があるが，B集団は親魚の2尾分の遺伝子の種類しかもっていない．したがって，様々な育種素材を準備するという観点では，B集団よりも多様な遺伝子をもつA集団の方が有利といえる．このような見かけの個体数と遺伝的にみた個体数を区別するには，下記の式(1)で求められる集団の遺伝的有効サイズ（N_e）という指標

が便利である（佐々木編著，2007）．なお，N_e を算出する式(1) からみてわかるように，同じ親魚数を使用する場合には，雌雄1対1とすると，N_e は最大となる．

$$N_e = 4N_m N_f / (N_m + N_f) \tag{1}$$

N_e は集団の遺伝的有効サイズ，N_m は雌親の数，N_f は雄親の数である．前述のB集団（$N_m=1$, $N_f=1$）を式(1) に当てはめると，$N_e = 4 \times 1 \times 1/(1+1) = 2$ なので遺伝的有効サイズは2となり，見かけの個体数のよりも極端に少ないことが明白である．さらに，継代に伴う遺伝的分散の低下は，集団の遺伝的サイズ（N_e）が大きいほど遅く，N_e が小さいほど早い（図4.64）．つまり，はじめに育種対象集団の遺伝的有効サイズを大きくしておくと，遺伝的多様性の低下は緩やかになり，多様性の低下による改良の頭打ちは起きにくくなる．

ランダム交配を前提とした場合，近親交配の指標である近交係数は，N_e が大きいほど上昇が緩やかになる（図4.65）．つまり，近親交配に関しても N_e を大きくするほどリスクは低くなるといえる．

しかしながら，実際にブリを継代する場合には，ある程度の N_e を確保しても兄弟間交配などの近親交配を完全に防止できるわけではない．したがって，確実に近親交配を防ぐには，採卵する親魚の家系情報を把握し，実際の家系情報によりモニタリングしながら近親交配を防止することが望ましい．

ここで，筆者らの研究グループのブリ育種を実例として紹介しよう．2006年以降に使用している全親魚はマイクロサテライトDNAマーカーと呼ばれるDNAの分析法を利用することで親子鑑定を行っており，親魚を含む8000個体以上の

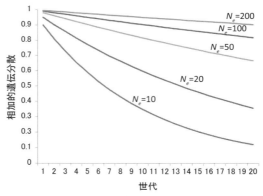

図 4.64 遺伝的集団サイズと遺伝的分散（多様性）の変化

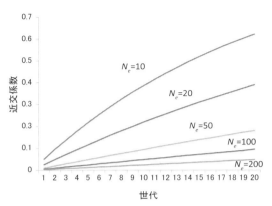

図 4.65 遺伝的サイズと近交係数の変化

図 4.66 ニッスイグループ人工種苗ブリの家系図

家系情報が家系図にまとめられている（図 4.66）．このような家系図を作成すれば，人工授精の際には親魚の血縁関係を確認し，兄弟などの血縁個体間の交配を回避することが可能である．たとえ N_e が若干小さい集団であっても兄弟や半兄弟間の交配を避けることが可能であり，急激な近交係数の上昇を回避することが可能になる．

4.8.6　ブリにおける悪性遺伝子ホモ化の実例

近親交配のリスクは，必ず顕在化するわけではなく，一見問題がないととらえられることが多い．しかし，家系情報をモニタリングしていると，実際に血縁個

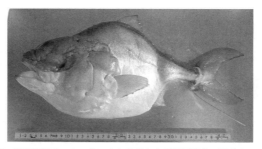

図 4.67 悪性遺伝子のホモ化により出現した形態異常魚（通称ドラゴン）

体間の交配により生じる形態異常が観察される場合がある．実際にブリにおいても継代飼育中に，脊椎骨が極度に湾曲して寸詰まりとなる，いわゆる形態異常が観察されており，われわれの研究所ではこの形態異常を「ドラゴン」と呼んでいる（図 4.67）．この形態異常は特定の親に由来し，責任遺伝子のゲノム上の位置も推定されている（森島，2014）．なお，この形態異常の責任遺伝子をもつ親魚間の交配を行うと，約 25％の割合で「ドラゴン」が出現する．ちなみに，親魚の形態には全く異常がみられないため，この潜性遺伝子は形態選別により集団からの排除は不可能である．この場合，DNA による判定や家系情報をもとに潜性遺伝子をもっている可能性が高い個体を特定し，排除するしかない．この「ドラゴン」以外にも遺伝的原因による形態異常が推定されており，また，このような見た目では認識しにくい成長性や耐病性，あるいは繁殖能力などに関わる因子の存在も考えられ，近親交配の防止が重要であることがわかる．

4.8.7 育種の戦略

どのような形質に関して育種を進めるのかを決定することは非常に重要であり，慎重に進めていく必要がある．育種目標となる形質（目的形質）は，成長や耐病性，品質の改良といったものがあげられるが，育種がもたらす経済効果も加味して目的形質を決定しなければならない．例えば，疾病や寄生虫の発生は養殖環境に依存するため，ある疾病による大量死亡を引き起こす地域では経済効果は大きいが，逆に全くある疾病が発生しない地域での経済効果はゼロとなってしまう．いずれにしても，育種の研究開発コストよりも最終的には大きな経済効果を得ることが大前提である．

具体的な戦略に関しては，実際の事例紹介により解説したい．われわれのグルー

プでは，早期採卵によるブリ人工種苗の事業化に向けて世界に先駆けて取り組んだ．しかし，早期採卵由来のブリ人工種苗は，市場に求められるサイズ（4 kg）よりも小さく，当初はサイズの大型化を目的形質として育種をスタートした．この成長改善は当たり前に感じるかも知れないが，耐病性や品質改善といった様々なニーズを踏まえた結果であり，育種の第一段階として成長改善に取り組んでいる．つまり，最初のステージとして養殖で最も重要な成長のよい基礎集団を作出し，その後，ニーズの高い目的形質に関して順次育種を進めていくことにしている．このように育種の戦略は，ニーズ対応だけでなく，いくつかのステージに分けて中長期な観点で取り組む必要がある．

4.8.8 選抜手法

最も単純な選抜手法は，形質値そのものを用いた選抜であるが，遺伝学的手法を活用した選抜方法には，マーカーアシスト選抜法（MAS），統計遺伝学手法である BLUP 法（best linear unbiased prediction method，最良線形普遍予測式）やゲノム選抜法などがある．どの手法を利用するかは，目的形質の遺伝特性や育種プログラムの規模などにより適正に選択すればよい．

MAS は，質的形質やメジャージーンでコントロールされている量的形質の選抜に適しており，DNA マーカーの遺伝子型を基準に選抜できるため，遺伝子のホモ化を短期間で実現できるメリットが大きい．しかし，一般的な量的形質のように多数の遺伝子が関与して複雑に形質値が決定されるような形質では，MAS は不向きと考えられる．ブリでは，寄生虫のハダムシ耐性に関する QTL（quantitative trait locus，量的形質遺伝子座）解析が進められており，マーカー選抜に関する取り組みが進められている（Ozaki et al., 2013）．しかしながら，1遺伝子のみで十分な効果が得られるレベルにはなく，複数世代にわたって選抜を行う必要がありそうである．

次にあげた BLUP 法は，和牛の選抜育種に広く利用され，大きな成果を上げたことが知られている（佐々木編著，2007）．この BLUP 法は，決して最先端の育種手法ではないこともあり，これまでの国内の水産育種において実用化されてこなかった．しかし，われわれのグループでは，確実で実績の高い手法と判断し，2010 年からスタートした育種プログラムの親魚評価手法として採用している．本手法の詳細は，BLUP 法に関する専門書（佐々木編著，2007）を参考とされたい．簡単に説明すると，血縁情報，飼育データ，飼育条件（飼育年度などとすること

が可能）に加えて遺伝率を用いて各個体の「真の遺伝的価値」，すなわち「育種価」を推定することができる．この育種価は，偏差値のように標準化された値として考えることが可能であり，飼育条件が異なっていても直接育種価を比較することが可能である．なお，BLUP法では育種価推定に用いる個体数が多くなるほど精度が上がることが知られており，1個体の親が多数の子を生産できる魚類に適した方法ともいえる．また，BLUP法では直接評価ができない形質に関しても育種価を推定することが可能である．例えば，乳牛では雄個体では乳量の評価は不可能であるが，このような形質でも血縁情報から育種価が推定され，後代検定も活用しながら優良な雄親が選抜されてきた．

　ゲノム選抜法は，動植物を問わず最新の育種として注目されている（細谷・菊池，2016）．前述のBLUP法が血縁情報を利用するのに対し，ゲノム選抜法では塩基多型情報を血縁情報に代替してゲノム育種価を推定する．このため，GBLUP（genomic best linear unbiased prediction method）法ともいわれる．このGBLUPには，多数の塩基多型情報が必要となるため，膨大なコストが必要とされてきた．しかし，最近ではゲノム解析手法が一般化して低コスト化しており，水産生物においても十分利用可能となってきている．本手法ではBLUP法と同様に直接評価できない形質についてもゲノム育種価が推定可能であるうえ，BLUP法で予測された育種価よりもゲノム育種価の予測精度が高いと期待されている．なお，兄弟の血縁情報は全く同一であるのに対し，塩基多型情報は個体特有であるため，GBLUP法では同一家系内でより優良な個体を正確に選抜することが可能になると考えられる．

4.8.9　育種プログラムの進捗評価

　育種プログラムは数年で終わるものではなく，少なくとも3世代程度の継続が必要となる．ブリが成熟するのに3〜4年程度が必要となるので，育種プログラムは最低でも9〜12年の期間が必要となる．このような時間を要する育種では，妥当性の高い戦略や手法の選択が必要であるのは当然であるが，進捗の確認と計画の修正も重要である．

　育種の最終ゴールは，ブリ養殖に有用な品種・系統を作出することであり，育種効果の確認は実際の養殖環境下で行うことが望ましい．ただし，ブリの養殖オペレーション下で選抜群と非選抜群の養殖生簀を設けて試験するには，莫大な経費が必要となり，加えて対照区も設けて比較することは現実的ではない．

4.8 育 種

図 4.68 大きく育った完全養殖ブリ（上：4.2 kg）と
天然モジャコ由来の養殖ブリ（下：2.6 kg）

　一方，家畜の育種で活用されてきた前述の BLUP 法では，異なる年に生産された種苗であっても共通した指標（育種価）が推定されるため，育種価を直接比較することで年度間の比較も可能であり，育種の進捗を確認しやすい．さらに，ブリの場合，選抜されない天然種苗との成長比較を行うことで成長改善や目的形質の改良を確認することが可能である．われわれのグループが利用している完全養殖ブリは，天然モジャコと稚魚期に同サイズであっても，天然魚よりも大きく育つ個体もみられるようになってきた（図 4.68）．現場レベルでは，明らかな育種による改良がみられることが重要であり，ブリでは比較しやすい対象があるので取り組みやすい．

4.8.10 育種に求められる周辺技術

　育種戦略や選抜手法が優れていても優良な親魚から採卵できなければ，育種の進捗は大きく遅れてしまう．われわれのグループでは，早期採卵技術を確立し，任意の時期にブリから採卵して大規模な事業ベースで人工種苗を生産することに世界で初めて成功している．この人工種苗には骨格標本でみても頭部や口吻部の形態異常が少なく，サイズが均一で種苗の質が高いことで正確な成長評価も可能となっている．これらの点が育種の進捗に大きく寄与していることは明確であり，事業レベルでの育種の成否のカギともいえる．このように育種には関連する周辺技術も非常に重要であり，高品質な人工種苗ブリの安定供給には，繁殖技術，種苗生産技術，育種技術および高度な養殖技術の４つがそろうことが重要である．

〔森島　輝〕

文　献

細谷　将・菊池　潔 (2016). これからの水産育種：ゲノム予測による新たな育種の取り組み．水産育種，**46**(1)，1-14．

水間　豊，猪　貴義ほか (1996)．新家畜育種学，朝倉書店．

森島　輝 (2014)．ニッスイグループにおける人工種苗生産と育種の取り組み．養殖ビジネス，**51**(4)，91-93．

Ozaki, A., Yoshida, K. *et al.*(2013). Quantitative trait loci (QTL) associated with resistance to a monogenean parasite (*Benedenia seriolae*) in yellowtail (*Seriola quinqueradiata*) through genome wide analysis. *PLOS ONE*, **8**(6), e64987.

佐々木義之編著（2007）．変量効果の推定と BLUP 法，京都大学学術出版会．

5 食 品

5.1 栄　　養

本節では，ブリを中心として，人が食する魚肉の栄養学的価値を解説する．とくに魚食は生活習慣病の予防効果を有することが知られている．タンパク質，脂質，ミネラル，ビタミンなどの重要な供給源であり，主要な栄養成分を含むだけでなく，生活習慣病予防に関わる成分を含むと考えられる（表5.1）．これらの成分の含有量は，水温条件や魚体サイズ，成熟度，産地，天然・養殖の違いなどの

表5.1　切り身に含まれる栄養成分（可食部100g当たり）

成分	ブリ	ハマチ（養殖）	カンパチ	成分	ブリ	ハマチ（養殖）	カンパチ
エネルギー（kcal）	257	251	129	マンガン（mg）	0.01	0.01	0.01
水分（g）	59.6	61.5	73.3	ヨウ素（μg）	24	14	11
タンパク質（g）	21.4	20.7	21.0	セレン（μg）	57	32	29
脂質（g）	17.6	17.2	4.2	クロム（μg）	Tr	Tr	0
トリアシルグリセロール（g）	13.1	13.4	3.5	モリブデン（μg）	0	0	0
飽和脂肪酸（g）	4.42	3.96	1.12	ビタミンA（μg）	50	32	4
一価不飽和脂肪酸（g）	4.35	5.83	1.03	ビタミンD（μg）	8	4	4
多価不飽和脂肪酸（g）	3.72	3.05	1.24	ビタミンE（mg）	2.0	4.6	2.3
コレステロール（mg）	72	77	62	ビタミンK（μg）	0	-	0
炭水化物（g）	0.3	0.3	0.1	ビタミンB1（mg）	0.23	0.16	0.15
灰分（g）	1.1	1.1	1.4	ビタミンB2（mg）	0.36	0.21	0.16
ナトリウム（mg）	32	38	65	ナイアシン（mg）	9.5	9.0	8.0
カリウム（mg）	380	340	490	ビタミンB6（mg）	0.42	0.45	0.32
カルシウム（mg）	5	19	15	ビタミンB12（μg）	3.8	4.6	5.3
マグネシウム（mg）	26	29	34	葉酸（μg）	7	9	10
リン（mg）	130	210	270	パントテン酸（mg）	1.01	0.99	0.52
鉄（mg）	1.3	1.0	0.6	ビオチン（μg）	7.7	6.4	2.4
亜鉛（mg）	0.7	0.8	0.7	ビタミンC（mg）	2	2	Tr
銅（mg）	0.08	0.09	0.05	食塩相当量（g）	0.1	0.1	0.2

出典：七訂日本食品標準成分表（文部科学省）．

生育条件によって大きく変動する．なお，本節で引用した成分データは，日本食品標準成分表に収録されている標準的なものである．

5.1.1 タンパク質

水産物は，わが国において主要な動物性タンパク質源である．タンパク質は約20種類のアミノ酸によって構成されている．これらのアミノ酸のうち体内で合成されない，または十分に合成されないアミノ酸は，必須アミノ酸と呼ばれる．イソロイシン，ロイシン，リジン，メチオニン，フェニルアラニン，スレオニン，トリプトファン，バリンおよびヒスチジンの9種類は人体ではほとんど合成されず，食物から摂取しなければならない．このことから，タンパク質の栄養価は構成アミノ酸の種類と量とによって決められる．すなわち，タンパク質の栄養価は，化学的評価方法によって，鶏卵および人乳のタンパク質のアミノ酸配合に基づき，アミノ酸スコアが算出される．わが国では，栄養素としてのタンパク質の供給という点から食品ごとにアミノ酸の組成値が求められ，日本食品標準成分表に収録されている．それによると，例えば，小麦粉のアミノ酸スコアは38～44，大豆のアミノ酸スコアは86であるのに対して，アジ，カタクチイワシ，サバ，キハダマグロ，ブリなど主要な魚類のアミノ酸スコアは，畜肉と同様に100であり，最適な栄養価を有するタンパク質であると判断される．

5.1.2 脂 質

油脂を構成している脂肪酸は，化学構造上の違いから飽和脂肪酸，一価不飽和脂肪酸および多価不飽和脂肪酸（polyunsaturated fatty acid：PUFA）に分類される．魚油には炭素鎖20～22のPUFAが多く含まれており，融点が低く，室温では液状であり，空気中で酸化され，過酸化物が形成されやすい．

リノール酸，α-リノレン酸およびアラキドン酸は人体で合成不可能であるが，体内で重要な役割をもち，食物から摂取する必要があることから必須脂肪酸と呼ばれる．不飽和脂肪酸は炭素鎖のメチル末端の炭素から数えた二重結合の位置からn-3系脂肪酸とn-6系脂肪酸に分類される（図5.1）．n-3系列では，α-リノレン酸をもとに，イコサペンタエン酸（icosapentaenoic acid，国際純正・応用化学連合IUPACによる旧名称はeicosapentaenoic acid，EPA），ドコサヘキサエン酸（docosahexaenoic acid：DHA）が体内で合成される．n-6系列ではリノール酸からγ-リノレン酸，アラキドン酸が合成される．これらの脂肪酸のうちアラキド

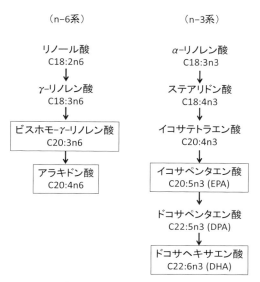

図5.1　不飽和脂肪酸の合成経路

ン酸，イコサトリエン酸およびEPAは，プロスタグランジンやプロスタサイクリン，ロイコトリエンなどのエイコサノイドと呼ばれる生理活性物質の前駆体として利用され，血小板の凝集，動脈壁の弛緩や収縮，血液の粘度調節など心血管系の生理機能に関与している．また，DHAは脳や網膜の神経系の細胞機能に関与する．これらのことから，水産物から魚油を摂取し，必須な脂質を充足する必要がある．厚生労働省は，n-3系脂肪酸を1日当たり2.4g（50～65歳男性）および2.0g（50～65歳女性）以上摂取することを推奨している．

5.1.3　ビタミン

ビタミンは生体内に少量しか存在しないが，生体機能の維持に必須の栄養素である．脂溶性のビタミンA，ビタミンDおよびビタミンEは日本人にとって魚肉が重要な供給源になっている．カロテノイド色素のアスタキサンチンやカロテン類もビタミンA前駆体として代謝されて利用される．また，水溶性ビタミン類は魚類では肝臓や血合肉に多く含まれている．

5.1.4 ミネラル類

ミネラル類は，食品成分表では灰分に含まれており，無機質と呼ばれる．ナトリウム，カリウム，カルシウム，マグネシウム，リン，鉄，亜鉛，銅，マンガン，ヨウ素，セレン，クロムおよびモリブデンが必須元素として知られている．魚肉は微量元素の鉄，亜鉛，銅，マンガンおよびセレンの重要な供給源である．最近の研究によって，セレンはイミダゾール環を有する抗酸化物質セレノネインとして海産魚に多く含まれ，魚類の低酸素適応に関与することが推定される．また，生体抗酸化作用に関与することから，生活習慣病の予防効果が研究されている．魚肉や血液に含まれるセレノネイン含量は，配合飼料によって育成された養殖魚では天然魚に比べかなり低いことが明らかにされ，魚体のストレス耐性の低下や品質劣化の要因となることが推定される．

5.1.5 魚食の生活習慣病予防効果

超高齢化社会において，健康寿命を延伸し，生活習慣病リスクを軽減するとともに，高品質で美味しい食品の開発に期待が高まっている．これまでの疫学研究の結果，魚食には糖尿病，がん，虚血性心臓疾患など生活習慣病の予防効果があることが知られている．厚生労働省大規模コホート調査研究の結果，EPA およびDHA の摂取の多い人や EPA を投与された人では冠動脈疾患が減少した．また，摂取カロリーが高いにもかかわらず，魚食量の高い男性に対する糖尿病予防効果が明らかにされた．魚の摂食量から n-3 系 PUFA の摂取を推定し，大腸がんのリスクを調査した結果からは，PUFA の摂取には大腸がんの予防効果が報告された．魚食によって摂取する食品成分として，PUFA，セレン，ビタミン D，魚肉タンパク質，アルギニン，タウリンなどの存在が知られており，とくに PUFA, セレンおよびビタミン D の摂取量には相互に高い相関性があることが報告されている．これらの成分のいずれかが生活習慣病予防に関与することが推定される．

5.1.6 機能性食品

魚肉のプロテアーゼ消化物に含まれるオリゴペプチドには，血圧の調節に関与するアンジオテンシン変換酵素に対して阻害作用を有するものがみつかっている．バリルチロシン（Val-Tyr）を有効成分とするマイワシ由来の血圧降下ペプチドは，特定保健用食品として実用化されている．イミダゾールジペプチドのアンセリンは，マグロ類，カツオなどの筋肉に多く含まれ，抗疲労性の機能性成分

として利用されているが，ブリ筋肉の含有量は少ない．魚油の PUFA には中世脂質の低下作用が確認され，缶詰やレトルト食品など様々な水産加工品が機能性表示食品として商品化されている．同様の機能性成分はブリ筋肉にも含まれることが考えられる．

〔山下倫明〕

文　　献

香川芳子監修（2002）．五訂食品成分表，女子栄養大学出版部．
厚生労働省（2010）．日本人の食事摂取基準，厚生労働省．
松井利郎・川崎晃一（2000）．食品タンパク質由来機能性ペプチドによる血圧降下作用―イワシペプチド（Val-Tyr）による降圧食品の開発を中心として―．日本栄養・食糧学会誌，**53**，77-85.
Nanri, A., Mizoue, T. *et al.*(2011). Japan Public Health Center-based Prospective Study Group. Fish intake and type 2 diabetes in Japanese men and women: the Japan Public Health Center-based Prospective Study. *Am J Clin Nutr*, **94**, 884-891.
Sasazuki, S., Inoue, M. *et al.*(2011). Intake of n-3 and n-6 polyunsaturated fatty acids and development of colorectal cancer by subsite : Japan Public Health Center-based prospective study. *Int. J. Cancer*, **129**, 1718-1729.
佐藤公一・岩本郁生（1997）．大分県産養殖ブリにおける筋肉一般成分の季節変動．大分海水研調研報，**1**，1-5.
須山三千三（1976）．水産学シリーズ 13 白身の魚と赤身の魚，pp.68-77，厚生社厚生閣．
山下倫明・鈴木敏之ほか編（2014）．水産学シリーズ 179 魚食と健康―メチル水銀の生物影響，pp.1-152，恒星社厚生閣．
渡部終五編（2010）．水産利用化学の基礎，恒星社厚生閣．

5.2　加工と利用

　ブリ類の主な利用としては，刺身や寿司などの生食とブリの照り焼きやカマの塩焼き，ブリ大根などの焼き物や煮物である．ブリの刺身は生食用水産物の中でも重要食材として利用されている．養殖物が天然物の約 3 倍の単価で流通し，海外輸出先でも寿司などの生食用食材として利用されている．生食として利用するためには鮮度維持が重要となるが，致死後の鮮度変化や魚肉品質には養殖時の餌，水揚げ時のストレス，氷蔵や冷凍保存条件などが影響する．本節では，これらの各種加工処理方法や流通条件および餌などが鮮度変化や魚肉品質に及ぼす影響について紹介する．

5.2.1 鮮度変化と鮮度指標

　鮮度を科学的に表現することは難しいが，各種の品質指標を用いた取り組みがなされてきている．魚を生食しない諸外国における魚の鮮度は，腐敗しているかどうかが判断基準となる．EU などにおける鮮度測定方法は，体色や表面粘液の状態，鰓の色や粘液状態，眼の形状や色彩，臭い，弾力などに点数をつけて行われる官能評価と揮発性塩基窒素[*1]（volatile basic nitrogen：VBN）値などを組み合わせて判断されている．日本では刺身など生食の際の品質評価が主体となるので，致死後の硬直と解硬軟化および生体内成分変化に関する研究が行われてきている．図 5.2 に致死後の生体成分の変化と筋肉の状態変化に関する模式図を示した．致死後魚体が硬くなる「硬直」が進行し，その後，解硬して軟化する．完全硬直では筋肉物性はゴム様の弾性を失うことから，養殖ブリの出荷では市場でのセリ時に硬直していないように水揚げ時間の調整や流通の取り組みがなされている．その仕組みは，死後硬直発生のメカニズムに対応したものである．死後硬直は，魚肉内のアデノシン三リン酸（ATP）の濃度の低下により引き起こされる．ATP は，生体運動などのエネルギー物質であり，加水分解酵素である ATPase によりアデ

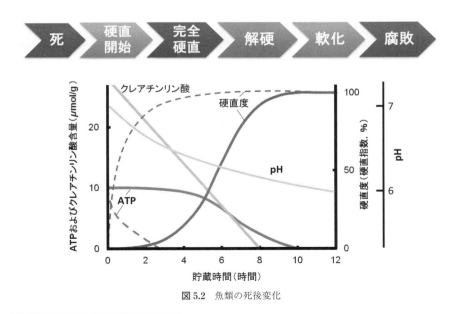

図 5.2　魚類の死後変化

[*1] 揮発性塩基窒素：腐敗の過程で生じる嫌な臭いのもととなる物質で，タンパク質が変性することにより生じる．

ノシン二リン酸（ADP）とリン酸（Pi）に分解される．ADP はクリアチンリン酸によって ATP に再生されるが，致死後，クレアチンリン酸の濃度は時間経過とともに低下し，それに対応して ATP 濃度の低下が進行する．筋肉の収縮は，神経の電気刺激が筋小胞体に伝わり，筋小胞体に貯蔵されている Ca イオンが放出され，それが筋収縮の制御系となっているトロポニンに結合し収縮制御が外れ，ATP のエネルギーを使い収縮が進行する．死後，筋肉内の ATP 濃度が低下すると，筋小胞体の Ca ポンプの作用が低下し Ca イオンが漏出して筋肉の収縮（硬直）が発生する．死後硬直の進行を抑制するためには，筋肉内の ATP 濃度を高濃度に保つことが必要となる．養殖ブリの水揚げと流通では，水揚げ方法の工夫と流通の温度管理なども必要となる．

ブリ類の致死後の鮮度変化については，筋肉中の ATP 分解生成物（ATP 関連化合物）の濃度変化や pH を指標に分析をすることができる．魚肉中の ATP は，死後 ATP → ADP →アデノシン一リン酸（AMP）→イノシン酸（IMP）→イノシン（HxR）→ヒポキサンチン（Hx）と分解が進む．IMP → HxR の反応に関与する IMPase 活性が他の反応速度に比べて非常に遅いため，死後 IMP は蓄積されて生成量が最大となり，その後，HxR，Hx へと分解される．このことを利用した鮮度指標として K 値が提唱された．K 値の計算式は以下の通りである．

$$K 値 = \{(HxR + Hx)/(ATP + ADP + AMP + IMP + HxR + Hx)\} \times 100$$

K 値は筋肉内に内在する IMPase 酵素活性の温度と致死後の時間経過を反映したものである．図 5.3 および 5.4 に致死後 0℃ あるいは 10℃ で保存したカンパチ筋肉中の ATP 関連化合物の経時変化を示した．ATP の分解により IMP が急速に

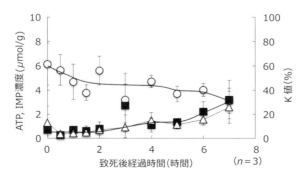

図 5.3 カンパチ筋肉中の ATP，IMP，K 値の死後変化（0℃保存）
○：ATP，■：IMP，△：K 値．

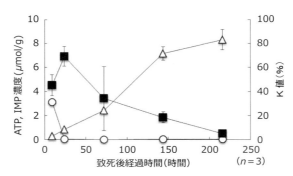

図 5.4 カンパチ筋肉中の ATP, IMP, K 値の死後変化（0℃保存）
○：ATP, ■：IMP, △：K 値.

生成し，その後，HxR と Hx の生成がみられる．K 値の上昇は温度依存性を示すので，K 値を分析することにより，魚肉の保存されていた温度履歴（温度×時間）を推察することができる．例えば，K 値が 30% である場合，図 5.3 の結果を参考にすると，分析した魚肉は 10℃ で横軸に示した貯蔵日数で保存されたものであることになる．K 値は日本で開発された科学的に優れた水産物の鮮度指標であるが，わが国での認知度と研究実績は高いものの，世界においてはほとんど知られていない．これはアジアや欧米諸国では，従来，魚の生食文化は一般的でなかったため，高鮮度品における鮮度指標が必要でなかったことが大きな理由と推察される．今後，養殖ブリ類の輸出量が増加し，刺身など生食での消費が増加することになると，高鮮度品の鮮度指標として ATP 濃度や K 値を使った品質評価などが必要となり，このような科学的な指標の応用がグローバル流通の場で進展することが期待される．

次に魚肉の鮮度指標として使われている血合肉や赤身肉の色調について説明する．これは官能的にある程度評価できるので，世界中で使われている魚の鮮度評価指標の一つである．刺身などでは血合肉の赤色と普通肉の白色のコントラストや赤身肉の鮮赤色が重要な品質指標となっている．ブリの血合肉の色調は筋肉組織中に多量に存在する酸素結合タンパク質ミオグロビン（Mb）の状態が影響する．魚類の Mb は分子量が約 1.5 万の小さな分子であり，ヘモグロビンと同様に酸素結合部位はヘム鉄で構成されている．Mb は 3 状態を示し，ヘム鉄が Fe^{2+} で酸素が結合していないデオキシミオグロビン（deoxyMb：暗赤色，紫赤色），酸素が結合しヘム鉄が Fe^{2+} であるオキシミオグロビン（oxyMb：鮮赤色），oxyMb から

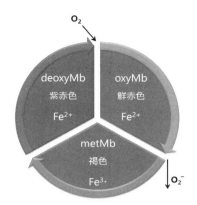

図 5.5　ミオグロビンの状態図 [口絵 15 参照]

酸素が外れてヘム鉄が Fe^{3+} に酸化したメトミオグロビン（metMb：褐色）が存在する（図 5.5）．組織中の酸素分圧の低下に依存して oxyMb から酸素遊離するのは，遊離した酸素を再び Mb が吸着しないように酸素を離したときにヘム鉄は酸化し酸素を結合できない metMb となる．生体内では metMb のヘム鉄は還元されて deoxyMb となり再び酸素を結合することができるようになる．すなわち，生体内では Mb の酸素結合と解離に対応して deoxyMb → oxyMb → metMb → deoxyMb のサイクルが動いている．生物組織での酸素供給のメカニズムはとてもダイナミックでしかも精緻である．一方，致死後においては metMb → deoxyMb の還元反応が停止するため，時間経過とともに metMb が蓄積し血合肉の色調が褐色に変化する．この現象をメト化と呼ぶ．また，血合肉の色調は −20℃ のような温度帯での冷凍保存によってもメト化が進行し褐色となる（図

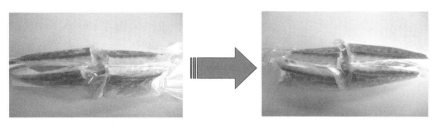

冷凍直後　　　　　　　　　　　　−20℃ 1 カ月後

図 5.6　カンパチの凍結直後と冷凍保存後の血合肉色調の変化 [口絵 16 参照]

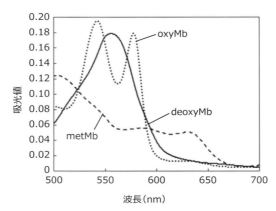

図 5.7 ブリ deoxyMb, oxyMb, metMb の可視部吸収スペクトル

5.6). ブリの場合，血合肉の色調は鮮度や品質の重要な指標となっている．ブリ Mb のメト化率の測定方法については，Mb を精製後，deoxyMb, oxyMb, metMb を調製し，それぞれの可視部吸収スペクトルを測定して，そのスペクトル特性からメト化率を算出する式が報告されている（井ノ原ら，2015）．図 5.7 には deoxyMb, oxyMb, metMb の可視部吸収スペクトルを示す．なお，精製 Mb を用いなければ，このような吸収スペクトルを測定することは難しいことを経験している．

メト化率算出式は以下の通りである．

$$metMb(\%) = -99.70(A/B) + 164.96 \tag{1}$$

ただし，A および B は Mb 溶液の A（548 nm）および B（524 nm）における吸光値である．実際にブリ血合肉のメト化率を測定するためには，血合肉から 0.1 M KCl（pH 7.0）溶液で Mb を抽出後，溶液の濁りを除くために硫安分画（飽和硫安濃度 50％）処理を行い，遠心分離上清をろ過することにより，清澄な粗 Mb 溶液を得ることができる．ブリ血合肉の中には多量の脂質が含まれており，水抽出溶液は濁りがひどく，フィルター処理ではすぐに詰まってしまい，清澄化対応が難しいので上記の方法が推奨されている．この溶液の吸光スペクトルを測定し，式(1) によりメト化率を算出することができる．

以上に示したように，血合肉 Mb のメト化率を正確に測定するには，分光光度計や冷却高速遠心機，ホモジナイザーなどの専門的な機器を必要とするため，流通現場で簡単に分析や評価ができない問題がある．簡易測定法としては，色彩色

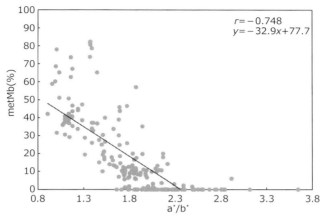

図5.8 ブリ血合肉の色調（a*/b*）とメト化率との関係

差計による血合肉表面のL*a*b*（L*：明度，a*，b*：色度）の測定により，赤色指標のa値と黄色指標のb値によるa*/b*値を用いた測定方法がある．褐色化が進むとa*/b*値は低下する．図5.8にはブリ血合肉の色調を測定したa*/b*値とメト化率の関係を示したが，相関係数−0.748で高い相関性を示すデータが得られているが，数値の振れ幅が大きいことに注意が必要である．さらに，流通現場で簡易的に血合肉の色調を評価する方法として，標準色票を参照にした色見本で判定されているが，既存の標準色票では血合肉の色を適切に表すものがない状況である．われわれの大学では，各メト化率を示す血合肉の写真を実際の血合肉の色と比較しながら忠実に再現したブリ血合肉メト化率色票を開発し，流通現場で活用を進めている．

5.2.2 冷蔵・冷凍に関する技術小史

食品の冷蔵・冷凍技術は，温度を下げ凍結することにより微生物が増殖しない，あるいは増殖速度を抑制する環境条件をつくり出し，腐敗から食品を守る技術である．紀元前から天然氷を貯蔵した氷室などが使われてきた．冷凍装置の日本への導入は，1899年に米国向けの塩サバ製造に機械的冷凍が使われた記録がある．1920年には鮮魚を対象に本格的な冷凍工場が建設された．当時の食用タンパク質源としては水産物が中心であり，その腐敗を防止することが目的であったと考えられる．その後，漁船にも冷凍機が装備され，船上で魚を冷凍する事業も行わ

れ始めた．マグロでは-20℃のように冷凍保存温度が高いと肉の褐変化が進むことが問題であったが，1965年頃に-35℃で超低温保存をすると褐変化が抑制できることが発見され，その後，-60～-55℃のような超低温帯で保存されたマグロを対象としたコールドチェーンが確立された．ただし，これらの仕組みはわが国独自のものであり，冷凍食品の国際的な流通温度は-20℃である．わが国における冷蔵・冷凍技術は，水産物冷凍への応用とともに発達してきた．水産物の冷蔵・冷凍技術の発達に関する経緯や経過の詳細については，野口（1997）や日本冷凍空調学会（2009）の文献を参照されたい．

5.2.3 冷蔵流通

ブリの日本国内の流通では主に冷蔵状態での扱いがなされている．チルド流通品で評価される品質要素は，硬直の発生と血合肉の色調である．硬直が発生すると筋肉の弾性が失われてしまうので，市場によっては搬入養殖場の流通範囲を指定しているところもある．死後硬直をコントロールするためには，致死後の魚肉中のATP濃度を高く維持する必要がある．普通筋のATP濃度が約1～2 μmol/gになると死後硬直が進行し始める．致死後の筋肉中のATP濃度変化は，致死前のストレス状態や激動の有無，致死方法と致死後の温度管理などに影響される．特に，水揚げ時に生簀網を寄せてブリをすくい上げる際にブリは激しく動き回るが，このような状態が長く続くと，致死後の冷蔵中におけるATP濃度の低下が速くなる．図5.9には，ストレス強度の異なるブリの活け締め後のチルド保存におけるATP濃度の経時変化を示した．ストレス強度が強い場合では数時間でATP濃度はほぼ0 μmol/gとなるが（図5.9a），ストレス強度が弱い状態で活け締

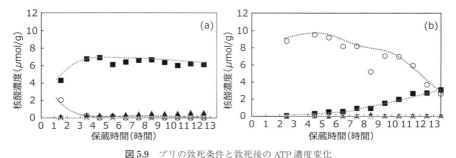

図5.9 ブリの致死条件と致死後のATP濃度変化
(a) 水揚げ時のストレスが強い，(b) 水揚げ時のストレスが少ない．○：ATP，■：IMP，▲：HxR（イノシン），×：Hx（ヒポキサンチン）．

5.2 加工と利用

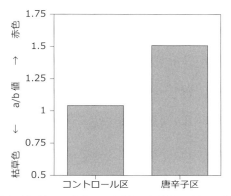

図 5.10 飼料に唐辛子を添加した場合の血合肉色調保持効果（出典：特開 2009-232864）
刺身処理後，冷蔵で 27 時間後に色調測定した．

めした場合は 13 時間後でも数 μmol/g の ATP 濃度が保たれていて死後硬直も抑制される結果となっていた（図 5.9b）．このように致死後の筋肉中の ATP 濃度の変化は，魚体のストレスに影響されることが非常に大きいことが明らかである．さらに，夏季に海水温が 28℃ 以上になると水揚げ時に相当なストレス負荷がかかり，魚肉 pH が 6 以下になる酸性化や ATP 濃度の急減などにより，筋肉が酸変性した状態となる「ヤケ」現象を呈することがある．肉は白く変色し，水っぽい食感で品質クレームとなる．水揚げ時にいかにストレス負荷をかけないで取り上げるかが重要である．なお，天然ブリの漁獲の場合は一度に大量のブリが漁獲されるため，一般に活け締め処理は行われないので海水氷溶液中で致死させるが，この場合は苦悶死となるので，致死後 ATP は急減し死後硬直も速く進行する．

　致死後の冷蔵保存では，血合肉の色調が品質の重要な評価指標である．血合肉の褐色化はミオグロビンのメト化によるので，冷蔵中の血合肉の変色を抑制するにはミオグロビンのメト化を抑制することが必要となる．ミオグロビンのメト化は酸性 pH 下で促進されるので，魚肉 pH の酸性化を抑制することが方法としては有力である．また，抗酸化作用のある食品成分を含むユズなどの柑橘類や緑茶，唐辛子などを餌に添加し摂餌させることで，血合肉の褐変の進行を抑制することが報告されている（図 5.10）．冷蔵保存における血合肉の褐変抑制には餌の成分も大きく影響することが明らかなので，各養殖業者は餌に工夫を凝らしている．

5.2.4 冷凍流通

ブリの流通形態は，国内向けは主に冷蔵流通であるが，海外向けでは冷凍で流通するのが主体である．ここでは冷凍流通に関わる技術課題と解決策について紹介する．

a. 養殖ブリ冷凍輸出に関わる技術課題

日本産水産物の輸出において養殖ブリの輸出量は伸びており，2015（平成27）年度では約139億円となった（図5.11）．一方，この統計資料は養殖ブリ輸出に関する技術課題の存在と内容を示している．すなわち，養殖ブリの輸出の約85％が米国向けとなっている．この理由はブリの冷凍保存・流通中に血合肉が変色することが原因であり，変色防止方法の規制が国や地域によって異なっているためである．冷凍食品の国際的な流通温度は−20℃が一般的であり，このような温度帯でブリを保存すると1カ月程度で褐変が進行し商品価値を失うことが技術課題となっている．米国では一酸化炭素（CO）処理が許可されている．CO処理によりCO-Mbが生成する．CO-Mbはピンク色を呈し非常に安定であり，鮮度が低下して腐敗してもその色調が維持されるため，鮮度誤認を起こすリスクがある．そのため，日本，EU，アジア諸国あるいはオーストラリアなどではCO処理は禁止されている．ちなみに，魚肉中に生成するCO-Mbについては分析が可能で

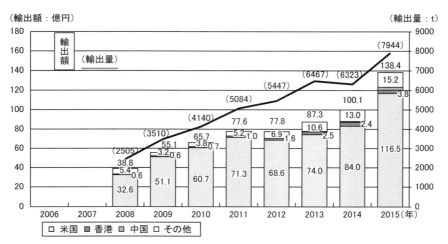

図5.11 ブリの輸出額・輸出量および輸出先国の推移

ブリ（生・蔵・凍）の輸出額の統計は2008年からとっている．食料産業局輸出促進課（農林水産省），平成27年農林水産物・食品の輸出実績（品目別）より作成．

ある．これらの理由から，米国向け養殖ブリの大部分はCO処理をされたもので船便で冷凍輸送されるが，CO処理が禁止されている国へはチルド温度帯での空輸が主に行われている．空輸と船便では輸送賃が10倍ほど違うため，米国向け輸出量が圧倒的となっている．CO処理をしないで冷凍保存流通が可能となる加工処理方法が開発されれば，輸出量は飛躍的に伸びることが期待される．CO処理に代わる冷凍保存技術について，ATPの機能の一つであるタンパク質の変性抑制作用に注目した研究が進められている．

b. 凍結前鮮度は冷凍保存中の品質変化に影響を及ぼす

水産物の冷凍と解凍処理はタンパク質に対して大きな損傷を与えるが，鮮度のよい状態で冷凍すると，解凍後の品質はダメージを受けにくいということが経験的に知られている．しかし，この理由については科学的に検証はなされていない．これに対して，生体内エネルギー物質のATPの作用に注目した研究が行われた．致死直後の筋肉内には5〜10 mM程度のATPが存在し，時間経過とともに濃度低下が進む．漁業で漁獲される魚の場合は，一般的には活け締め処理が行われていないため苦悶死となり，ATP濃度は急速に低下する．そのため，漁業で漁獲された水産物の冷凍品中のATP濃度は一般的にはほぼ消失した状態のものが多い．一方，養殖魚では水揚げ時に活け締め操作による即殺処理が行われている．そのため，致死後しばらくの間ATP濃度は高い状態で維持される．養殖魚冷凍品では，冷凍のタイミングによってATPを高濃度に含むものからATPを含まないものまでコントロールされずに製造されているのが現状である．

ATPのタンパク質変性抑制作用については，魚肉ミオシンATPaseの熱変性抑制作用やタラミオシンの安定性に関する研究が報告されている．ATPによる各種タンパク質に対する変性抑制作用については，スケトウダラ，グチ，ミナミマグロに関する研究例ではあるが，ATPの作用を理解するうえで重要なので以下に紹介する．緒方ら（2012）はスケトウダラとグチの筋原線維タンパク質（Mf）の冷凍変性に対するATPの作用について測定した結果を報告している．図5.12にスケトウダラMfに各濃度のATPを添加して−20℃で保存した場合のアクトミオシン抽出性の低下を比較した結果，凍結保存によりアクトミオシン抽出性は低下するが，ATPが存在するとアクトミオシン抽出性の低下は抑制された．また，凍結保存によるアクトミオシン抽出性の低下抑制はATP濃度依存性を示した．このアクトミオシン抽出性低下パターンより変性速度定数（K_D）を算出することができる．表5.2にスケトウダラMfおよびグチMfの各冷凍保存温度（−78〜

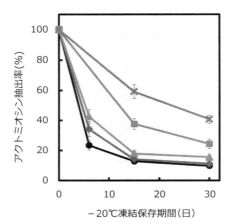

図 5.12 スケトウダラ筋原線維の冷凍保存におけるアクトミオシン抽出率に及ぼす ATP の作用（−20℃保存）
● : ATP 濃度 0 mM, ◆ : 0.75 mM, ▲ : 2.25 mM, ■ : 3.75 mM, × : 7.5 mM.

表 5.2 スケトウダラとグチ筋原線維のアクトミオシン抽出率の冷凍変性速度定数（K_D）に及ぼす ATP 濃度と温度の影響

筋原線維 ATP (mM)/温度	$K_D \times 10^{-4}$/日						
	スケトウダラ				グチ		
	−78℃	−30℃	−20℃	−15℃	−30℃	−20℃	−15℃
0	123	311	2429	3479	140	533	969
0.75	123	154	1300	2630	115	419	774
2.25	101	136	1146	1288	91	282	531
3.75	79	95	472	791	61	180	406
7.50	42	55	299	456	14	27	57

筋原線維タンパク質の冷凍変性はアクトミオシン抽出率を指標にして求めた.
冷凍変性速度定数（K_D）は以下の式で求めた.

$$K_D = \frac{\ln C_0 - \ln C_t}{t}$$

C_0 および C_t は凍結期間 0 日および t 日におけるアクトミオシン抽出率.

−15℃）における K_D に及ぼす ATP の影響について示した．−20℃の保存では，スケトウダラ Mf の K_D は ATP 濃度に依存し, ATP 濃度 0 mM で 2429×10^{-4}（/日）であるのに対して，ATP 濃度が高くなるのに従い K_D の値は小さくなり, ATP 濃度 7.5 mM で 299×10^{-4}（/日）となり，0 mM の値に比べて変性速度は約 1/10 となった．さらに −30℃で ATP 濃度 0 mM における K_D は 311×10^{-4}（/日）であり，−20℃で ATP 濃度 7.5 mM の K_D とほぼ同じ値であった．すなわち，高濃度（生

体内濃度）の ATP が存在すると Mf タンパク質は安定化し，-20℃で保存しても -30℃で保存した場合と同様の冷凍変性抑制効果が得られるということが示された．ATP の Mf 冷凍変性抑制効果は-30℃と-78℃でも認められた．ATP は魚肉 Mf タンパク質の冷凍変性を抑制する作用を示すことが明らかとなった．生体内濃度の ATP を含む魚肉冷凍品を解凍した肉は透明感があり食感もよい状態を示すが，ATP による Mf タンパク質の冷凍変性抑制作用が解凍肉の品質に強く影響していることが示された．Mf 以外の魚肉タンパク質の変性に対する ATP の作用については，筋小胞体（SR）Ca-ATPase の熱変性，酸性 pH 変性，冷凍変性に対する変性抑制作用に関する報告がある．SR は筋肉の収縮に関与する Ca イオン濃度を調節する重要な器官であり，致死後の死後硬直などにも関与する．ミナミマグロ SR Ca-ATPase の 45℃での熱変性，pH 5.5 の酸性 pH 下における変性に対する ATP の作用を測定した結果を図 5.13 に示した．ATP がない状態では，45℃の熱処理あるいは酸性 pH 処理により SR Ca-ATPase 活性は急速に低下するが，2 mM ATP の存在下で，これらの変性は抑制されることが認められた．さらに，SR Ca-ATPase の冷凍変性に対する作用について，冷凍変性抑制剤として知られているソルビトール，ショ糖，グルタミン酸 Na（各 0.1 M 濃度）と 2 mM の ATP 存在下，-18℃で 5 日間保存した場合の残存 Ca-ATPase 活性を比較した結果を図 5.14 に示した．冷凍変性抑制剤無添加では，活性は約 4 割まで低下したが，冷凍変性抑止剤添加で約 80％，ATP 添加で約 90％の活性の残存が認められた．ATP 以外の冷凍変性抑制剤の濃度は 0.1 M であるのに対して ATP の濃度は 2 mM

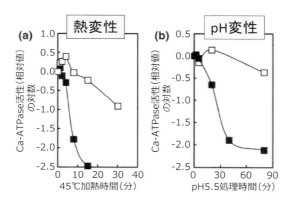

図 5.13 筋小胞体 Ca-ATPase の熱変性，pH 変性に及ぼす ATP の抑制作用
(a) 45℃熱変性，(b) pH 変性（pH 5.5），□：2 mM ATP，■：ATP 無添加．

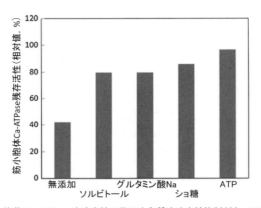

図 5.14 筋小胞体 Ca-ATPase 冷凍変性に及ぼす各種冷凍変性抑制剤と ATP の抑制作用
冷凍条件：-18℃, 5 日間, 変性防止剤濃度 0.1 M（ソルビトール, グルタミン酸 Na, ショ糖), 2 mM（ATP）.

であり，ATP の冷凍変性抑制効果は非常に高いといえる．さらに 2 mM は生体内の ATP 濃度に近い値であり，生体内濃度の ATP の存在で変性抑制効果が十分期待できることが認められた．

次に Mb の状態変化と ATP の作用に関する研究成果について紹介する．先にも述べたように Mb は筋肉組織中に存在する酸素貯蔵タンパク質であり，ヘム鉄の状態と酸素との結合と解離により deoxyMb, oxyMb, metMb の 3 状態を示す．冷凍保存や鮮度低下により metMb の生成量が増えると血合肉や赤身肉の色調は褐色となる．また，魚肉 pH が酸性となると metMb の生成速度も速くなる．Inohara et al.（2013）は Mb のメト化に及ぼす ATP の作用について検討した．図 5.15 にはミナミマグロ Mb の 25℃におけるメト化速度（K_{met}）に及ぼす pH と ATP 濃度の影響を測定した結果を示した．ATP 濃度 0 のときにはメト化速度は pH の影響を受け，酸性 pH 下では速くなり，中性あるいは微アルカリ側では遅くなった．これは従来報告されている Mb のメト化に及ぼす pH の影響として知られている結果と同様である．一方，ATP の濃度を生体内濃度に近い 7.5 mM まで添加した場合のメト化速度は ATP 濃度に対応して遅くなることが認められた．特に，ATP は酸性 pH 下におけるメト化を強く抑制することが示された．ATP が Mb のメト化を抑制することを示した最初の事例である．ATP と Mb との分子間相互作用に関しては興味深いところである．ATP 存在下における Mb の分子状態を Mb の紫外部・可視部吸収スペクトル，CD スペクトル，自家蛍光，動的光散

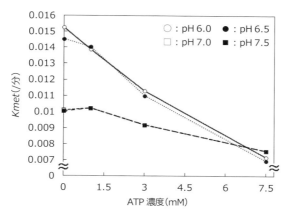

図 5.15　ミオグロビンメト化速度に及ぼす ATP の影響

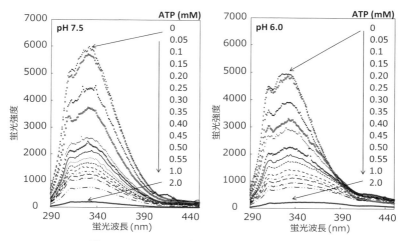

図 5.16　ミオグロビン自家蛍光に及ぼす ATP の影響
　　　　励起波長 285 nm.

乱法による溶液中の見かけの分子量，ゼータ電位を指標にして測定した．いずれの測定指標も ATP により Mb の分子状態は影響を受けることを示した．図 5.16 には各濃度の ATP 存在下における Mb の自家蛍光を測定した結果を示した．ATP 濃度に対応して Mb の自家蛍光強度は低下した．図 5.17 には図 5.16 より求めた Mb 自家蛍光強度と ATP 濃度との関係を示した．2 mM ATP が存在すると Mb の自家蛍光はほぼ完全にクエンチングした．生体内筋肉中の ATP 濃度は 5〜10 mM

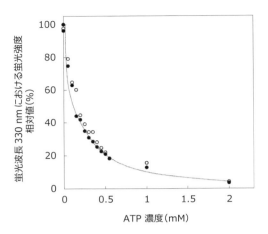

図 5.17 ATP 濃度とミオグロビン蛍光強度との関係
○ : pH 6.0, ● : pH 7.5.

表 5.3 ミオグロビン分子サイズと表面電荷に及ぼす ATP の影響

ATP 濃度（mM）	分子サイズ（kDa）	Zeta 電荷（mV）
0	15.5	−4.50
5	11.3	1.32

であるので，生理的な ATP 濃度条件下では Mb は自家蛍光強度が低い分子状態となっていると推察される．表 5.3 には動的光散乱法にて測定した溶液中の Mb の見かけ上の分子量および表面電荷に対する ATP の作用を測定した結果を示した．ATP がない場合は，見かけの分子量は 15.5 kDa を示した．この分子量は SDS-PAGE 分析で求められる分子量に近似した値である．一方，5 mM ATP 存在下における Mb の見かけ上の分子量は 11.3 kDa を示し，やや小さい値を示した．同時に測定した Mb 分子の表面電荷も ATP の有無により異なることが確認された．以上の結果から，ATP が存在すると Mb 分子の形状は少し縮んだ状態に変化し，そのため Mb のメト化が抑制されることになると推察することができる．

ATP 存在下では Mb 分子の状態が変化しメト化の進行が遅れることを示唆する結果が得られたので，各濃度の ATP を含むブリ類冷凍フィレを冷凍保存したときのメト化の進行を比較した（井ノ原ら，2014）．試験は養殖カンパチで行い，活け締め後に冷却海水中で行う放血と冷却の時間を調整して ATP 含量の異なるフィレを調製した．このフィレを −50℃ で急速凍結後，−20℃ で 4 カ月間保存し

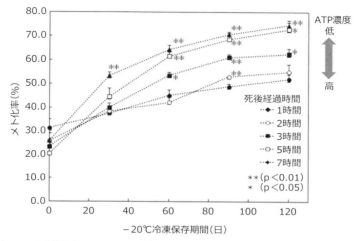

図5.18 冷凍保存中のカンパチ血合肉ミオグロビンのメト化率経時変化に及ぼす魚肉中ATPの影響

てメト化の進行を測定し得られた結果を図5.18に示した．ATP濃度が低い活け締め後7時間サンプルでは冷凍保存1カ月でメト化率が50％を超えるが，ATP濃度が高い冷凍フィレではメト化率30％台を示しメト化の進行は遅いことが認められた．冷凍保存4カ月後もATP濃度が高い冷凍フィレではメト化率40％台を示しメト化の進行が抑制されていた．ATPの濃度管理によりCO処理することなしに-20℃のような温度帯での流通が可能となることを示唆する結果である．

c. 水産物冷凍品の輸出戦略

5.2.4項aで述べたように，輸出向けのブリにはCO処理に代わるメト化抑制法の技術開発が必要とされている．ブリの場合，この手法が開発されれば，輸出量は飛躍的に増大することが期待される．カンパチでは魚肉中のATP濃度を高く維持した冷凍品で冷凍保存中のメト化進行が抑制されることが明らかとなった．そこで養殖ブリについて，筋肉中のATPが冷凍保存性に及ぼす影響について研究が進められた．活け締めされたブリを海水氷溶液に浸漬し，脱血と魚体温の低下を行った後にフィレ処理を行った．フィレは2枚得られるが，これらを真空パック後フィレの1枚は-40℃で急速に凍結した．このフィレの血合肉には高濃度のATP（1.07 μmol/g）が含有されていた．もう1枚の真空パックしたフィレは氷水中で8時間程度保存した後，急速凍結した．こちらのフィレのATP濃

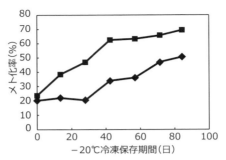

図 5.19 冷凍ブリ血合肉ミオグロビンのメト化率経時変化に及ぼす ATP の影響
◆：ATP 濃度 $1.07\ \mu mol/g$, ■：$0.09\ \mu mol/g$.

図 5.20 冷凍解凍ブリ［口絵 17 参照］

度は（$0.09\ \mu mol/g$）と少ない結果であった．これらを $-25℃$ で数カ月間保存したときの血合肉のメト化率の経時変化を図 5.19 に示した．ATP 濃度が低いと保存 1 カ月程度でメト化率が 50％ 程度に上昇し，その後も保存期間に対応してメト化率は高くなり 3 カ月後には 70％ 程度となった．一方，高濃度の ATP を含有するフィレではメト化率の上昇はわずかで，3 カ月後のメト化率は約 30％ でありメト化の進行は抑制されていた．図 5.20 は高濃度 ATP を含有した冷凍ブリをブリュッセルにおけるシーフードショーで紹介したときの写真である．凍結ブリを解凍したときの血合肉の色調は鮮赤色に保たれていた．なお，解凍したブリ血合肉の色調変化は凍結解凍処理をしていないものに比べて速くなるが，解凍したブリ血合肉のチルド保存中の褐変化を抑制する方法についても技術開発が行われた．

5.2.5 養殖ブリ水揚げ・加工法の実用化技術開発

養殖ブリの冷凍保存における高品質維持や氷蔵中の死後硬直の発生を抑制するためには，魚肉中のATP濃度を高い状態に保ち加工処理をする必要がある．得られた研究成果を実用化するための技術や装置開発が必要である．致死後のブリ魚肉中のATP濃度に影響を及ぼす工程は，水揚げ工程とその後のフィレ加工処理時間である．水揚げ工程では，前述したように生簀内で寄せられたブリは激しく動き回る．海水温や激動の程度にもよるが，ひどい場合には生簀の中で暴れすぎて致死する場合もある．海水温が28℃以上のような高温期では，水揚げ時の致死率も高くなり，また，魚肉温度の上昇とpHの酸性化およびATPの消失により，魚肉タンパク質の変性が発生し魚肉が白くなり水っぽくなるヤケという現象を呈する．この現象は養殖クロマグロの水揚げ時でも発生することが知られている．水揚げ時のブリの激動を抑制する手段として，電気刺激で鎮静化する方法について検討が行われた．タモに通電する仕組みを組み込み，海水から取り上げた段階で10秒間程度通電することにより，90秒間程度鎮静化することを可能とするものである．鎮静から覚めると，ブリは再び動き始める．鎮静中に活け締め操作を行うが，鎮静化していない通常の場合に比べてブリははるかに扱いやすく，作業者の負担も軽減され作業効率は向上する．一方，ブリの魚体に通電すると，条件によっては図5.21のように脊椎骨が骨折してフィレに血シミができて商品価値を失うことが課題であったが，ニチモウは通電条件とタモの構造を工夫することにより，通電しても骨折せず鎮静化する通電装置システム（図5.22）の開発に成功した．この装置は養殖ブリだけではなく，養殖サケなどの水揚げにも応用

鎮静中のブリ

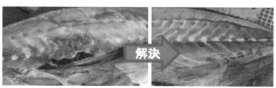

背骨の骨折　　　骨折しない方法を確立

図5.21　通電による鎮静化と背骨の骨折課題の解決［口絵18参照］

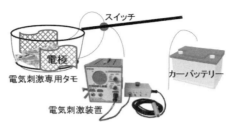

図 5.22 ブリ鎮静化通電装置システム

されている.

活け締め後は，海水氷溶液中で脱血と魚体冷却がなされ，その後はフィレ処理（ヘッドカット，内臓除去，三枚おろし）が行われる．養殖ブリの魚体は4〜6 kg程度，あるいはそれ以上の場合もあり，これらの操作を人手で行うとすると重労働で時間がかかり，また，熟練を要する工程となる．年末年始のブリ需要期になると，1日の水揚量が1万尾を超える加工場もあり，高速で精度の高いヘッドカット装置および内臓除去機の開発が望まれていた．東洋水産機械はこれらの装置開発に成功した．ヘッドカット装置（図5.23）はギロチン式で頭部を切断するが，刃物の最適位置を決める方法に工夫が施されている．ブリの各個体の大きさは異なるので，切断位置も調整が必要となる．口先から最適切断位置までと胸びれ付け根から最適切断位置までの距離を魚体の大きさごとにそれぞれ測定したところ，口先から最適切断位置までの距離は魚体が大きくなるのに従い長くなるのに

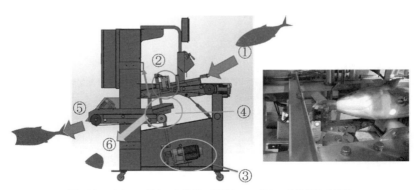

図 5.23 ブリヘッドカット装置の概要とヘッドカット位置決め装置
①魚体の投入，②魚体の投入をセンサーが感知，③サーボモータによる刃物で断頭，④分別シュートで魚体と頭に分別，⑤魚体，⑥頭を自動排出．

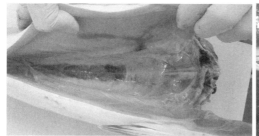
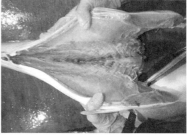

図 5.24 内臓除去したブリドレス [口絵 19 参照]
左は腎臓除去前のドレス写真.

図 5.25 内臓除去機

対して，胸びれ付け根から最適切断位置までの距離は魚体の大きさに関係なく一定であった．その分析結果を反映して，ヘッドカット位置決めシステムが搭載された高精度で最適な切断を行うヘッドカット装置が開発された．作業者は魚を投入するのみであり，装置能力は1時間当たり1500尾である．最適部位で切断するので歩留りもよい．ヘッドカット後は内臓除去を行うが，ブリの内臓は体幹の深くまで入り込んでいるため内臓の背骨側に沿って腎臓が位置している．腎臓は薄膜で内臓消化器官と分けられている．ブリのフィレを製造するためには腎臓まで掻き取ったドレス（図 5.24）を調製する必要がある．従来の内臓除去機では腎臓まで取り除くことができなかったため，人手で掻き取り処理を行っていた．腎臓部位まできれいに取り除くことができる内臓除去機（図 5.25）が完成し，実用機として稼働している．処理能力は1時間当たり1500尾である．

図 5.26　ブリ照り焼きおにぎり

5.2.6　ブリの焼き物調理

ブリ料理としては刺身や寿司としての「生食」利用が大きいが，焼き物料理も重要である．カマ部分は塩焼きとして利用されるが，切り身は照り焼き調理が主体である．焼き物の風味では焼臭成分が影響する．ブリ素焼き品の香気成分としては，主成分としてアセトアルデヒド，イソブチルアルデヒド，アセトン，イソバレルアルデヒドが検出されている．照り焼きは「たれ」をつけて焼いたものであるが，香気成分として調味液の焙焼香気成分のアセトアルデヒド，プロピオンアルデヒド，イソバレルアルデヒドおよびエチルアルコールが検出されている．最近ではブリ照り焼きをおにぎりの具材としたコンビニ商品も発売されている（図 5.26）．　　　　　　　　　　　　　　　　　　　　　　　　　〔木村郁夫〕

文　献

Inohara, K., Kimura, I. *et al.* (2013). Suppressive effect of ATP on autoxidation of tuna oxymyoglobin to metmyoglobin. *Fish. Sci.*, **79**, 503-511.

井ノ原康太・黒木信介ほか（2014）．筋肉内 ATP による冷凍カンパチ血合肉の褐変抑制．日水誌，**80**, 503-511.

井ノ原康太・尾上由季乃ほか（2015）．魚類筋肉ミオグロビンのメト化率測定法の検討．日水誌，**81**, 456-464.

日本冷凍空調学会（2009）．新版 食品冷凍技術．

野口　敏（1997）．冷凍食品を知る．丸善．

緒方由美・進藤　穣ほか（2012）．ATP による魚類筋原線維タンパク質の冷凍変性抑制．日水誌，**78**, 461-467.

流 通・経 済

 6.1 流通・価格

わが国におけるブリ類の近年の生産量はおよそ 26 万 t であり，そのうち 12 万 t は天然漁獲に，また，14 万 t は養殖生産に由来する（図 6.1）．養殖による 14 万 t のうち国内で約 9 割が消費され，残りの約 1 割は海外へ輸出されている．本節では，国内で消費されるブリ類の流通と価格を中心に述べる．

6.1.1 国内の消費傾向

近年，わが国における国民 1 人当たりの生鮮魚介類消費量は減少の一途を辿っているが，ブリ類は消費量が増加している数少ない魚種の一つであり（図 6.2），関東以北の地域では，一般的にサケ類が好まれるのに対し，東海以西の地域ではブリ類が好まれる傾向がある．西日本では，年末にブリ類の消費がピークを迎えることから，12 月のブリ類消費量は平月の 2 倍程度となる．一口にブリ類といっても，地域により消費特性があり，例えば，長崎県を除く九州地域ではカンパチの消費が多く，長崎県や山口県ではヒラマサの消費が多い傾向がある．

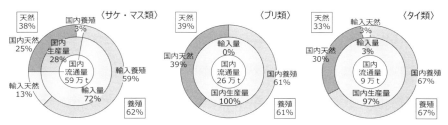

図 6.1 国内流通における養殖と天然の割合（2012 年）（水産庁ホームページより作成）
輸入量は，原魚換算した数値である．サケ・マス類の輸入量のうち，チリ，ノルウェーからの輸入分を養殖とした．国内流通量＝国内生産量＋輸入量．

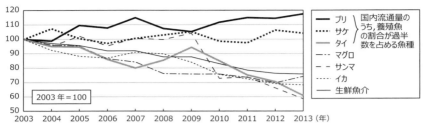

図 6.2 品目別生鮮魚介類の1人当たりの購入数量の推移（水産庁ホームページより作成）
注：2人以上の世帯．

国内で消費されるブリ類は，そのほとんどが生鮮で流通している．ブリ類の中でもブリは可食部における血合肉の割合が大きく，血合肉に含有されているミオグロビンが酸化する影響で褐変が起こる．血合肉が褐変すると商品価値が大きく損なわれることから，血合肉が褐変した商品は量販店では見切り販売の対象となるほか，外食店では販売に供されず廃棄対象となる場合がある．冷凍されたブリの解凍後の血合肉褐変速度は，生鮮のそれに比べて速いことから，現状，国内では冷凍ブリ類はほとんど流通していない．なお，輸出用の冷凍フィレ製品では，血合肉の褐変防止を目的として一酸化炭素（CO）処理された製品が生産されるケースもある．5.2節でも詳述されているように，CO処理を施した場合，見た目で鮮度の判断ができないことから，日本など魚を生食することが多い国では優良誤認防止の観点から食品でのCO処理が認められていないが，米国など一部の国ではCO処理が認められており，そのような輸出先に向けては血合肉の褐変がみられないCO処理した冷凍フィレ製品が輸出されている．

6.1.2 ブリ類の流通

ブリは，ブリ類3魚種（ブリ，カンパチおよびヒラマサ）の中でも最も脂乗りのよい魚種であり，消費傾向に地域性のあるカンパチやヒラマサと比較して全国的に消費されている．脂乗りがよいことから，加熱用としても比較的頻繁に食される魚種であり，刺身や寿司といった生食用の用途はもちろんのこと，ブリ大根や照り焼きといったメニューも一般的である．近年ではブリしゃぶといった新メニューも一般的なものになりつつあり，消費者にはブリを食する際の選択の楽しみを与えている．

a. 天然ブリの流通

　天然ブリは,年間で約12万tの水揚げがあり,秋冬を主要なシーズンとして日本各地の漁港で水揚げされ,産地市場で競られたものが消費地の市場や量販店の物流センターなどに配送される.これまでは,東北沿岸の海域が漁獲の北限とされていたが,近年では海水温上昇の影響により北海道のサケの定置網で天然ブリが大量に漁獲されるようになり,それにより消費の動向にも変化の兆しがみられる.

　天然ブリの取引は,主にまき網船などの船主や定置網の業者などが荷主となり,各地の市場における荷受会社に委託販売される.荷受会社は仲卸に競り売りした価格から彼らの手数料や経費を除いた金額を荷主に支払う.まき網船や定置網の業者は,各地の漁獲状況などを参考にして産地市場へ出荷する量やタイミングを検討し,できるだけ高値で販売できるタイミングで商品の出荷を行う.また,一部では漁獲した天然ブリを一時的に海上に設置した生簀網に活け込み,時化などにより水揚げのないタイミングに出荷することで価格の下落を防ぐ取り組みもなされている.競り落とされる価格は,漁獲物の鮮度や魚体サイズ,脂乗り,寄生虫の有無などの評価基準をもとに決められるが,当然のことながら水揚げ量の多い時期の取引価格は安く,水揚量の少ない時期の取引価格は高くなる傾向にある(図6.3).

　天然ブリは,一部の地域では小型サイズを好む市場もあるが,一般的にサイズの大きなものに対する需要が強い傾向があり,より大型魚の方が高値をつけ,特に年末は9〜10 kg以上の大型ブリに対する需要が強い.また,鮮度も販売価格に大きな影響を及ぼす指標であり,通常,野締め(水氷の中で窒息死させる締め方)されるまき網船の漁獲物に比べて定置網の漁獲物で活け締め(専用のカッターなどで鰓や延髄を切断して屠殺する締め方)された魚は,高値をつける傾向にあ

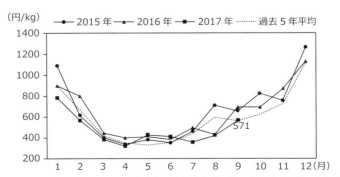

図6.3 ブリの月別平均卸売価格(東京都中央卸売市場日報,市場統計情報より作成)

る．天然ブリは加工せずに，そのまま発泡スチロール箱に収容し，その中に氷を満載した荷姿で流通しており，市場への物流には冷蔵トラックが用いられる．各地の市場には搬入・搬出口が必要時以外は閉ざされ温度管理が行き届いた閉鎖型施設もあるが，ほとんどの市場は搬入・搬出口が開け放たれた開放型施設であり，大量の氷を使用し鮮度が保たれている．

天然ブリは，産地市場から消費地市場を経て消費者に届けられる場合がほとんどであり，鮮度管理が難しく加熱加工用として販売されるケースが多いが，一部では十分な鮮度管理がなされて刺身や寿司ネタなどの生食用として販売されるものもある．

b. 養殖ブリの流通

養殖ブリは，近年では年間に約 2000 万尾，10 万 t 程度が市場に出荷されており，養殖生産量では国内最大の魚種となっている．養殖ブリは，天然種苗または人工種苗から飼育されて春夏に出荷される魚と，天然種苗から飼育されて秋冬に出荷される魚に大別される．生簀内での飼育尾数の状況にもよるものの，出荷量の少ない春夏出荷魚は秋冬出荷魚に比べて高値をつける傾向にある．天然ブリと同様に，養殖ブリにおいても鮮度や魚体サイズ，脂乗り，身質，寄生虫の有無などが価格決定の重要な判断要素となる．ブリの養殖においては，一般的にモジャコといわれる天然種苗を春先に採捕し，それを約 1 年半かけて養殖することで，市場に受け入れられる 1 尾当たり 4 kg 程度のサイズまで育てる．モジャコを養殖用生簀に収容した翌年の 10 月頃から市場への出荷が本格化し，その翌年の 3 月頃まで出荷が行われる．したがって，養殖ブリの出荷は 10 月頃から開始され，年末・年始に向けて徐々に増加するうえ，関西以西の地域では年末に需要のピークを迎えることから，それに向けて集中的な出荷が行われることもあり，価格は秋から冬にかけて徐々に下落する傾向がある（図 6.4）．特に 12 月は平月の 2 倍程度の出荷がなされるため，年末の取引価格は養殖ブリ生産者にとって死活問題となるほど影響が大きい．

近年，養殖ブリでは人工種苗の利用も進みつつある．われわれのグループでは，養成した親魚の飼育環境条件をコントロールして通常よりも早い時期に採卵して飼育した人工種苗を用いて春先に 2 歳魚で 4 kg 以上の出荷サイズまで育てている．これによって一般的には脂の乗った適当なサイズの養殖ブリがない春から夏の時期に脂乗りがよい出荷サイズに達した魚が出荷されている．春夏出荷ができ，高鮮度で身質，脂乗りのよい養殖ブリは，春夏に高品質な魚を出荷するための養

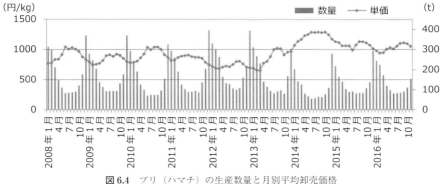

図 6.4 ブリ（ハマチ）の生産数量と月別平均卸売価格
出典：全国海水養魚協会「月間 かん水」（各中央卸売市場調べ）．

殖コストが高いことも相まって，年間を通しても比較的高値で取引されている．また，天然ブリは資源の豊凶に左右されるため，日によって漁獲高の変動が大きいうえ，年末は操業する漁船も少ないため，年末の最需要期に販売する商品としては物量が不安定という課題があり，年末向け商品の手当てには養殖ブリが手配される傾向が強い．

養殖ブリの販売においては，各地の漁連や漁協またはインテグレーターと呼ばれる養殖資材や水産飼料の販売業者が養殖生産者から育成されたブリを買い付け，加工・販売するようなケースや，養殖，加工，出荷を1社で担う養殖生産者が固定の販売業者を通じて販売するようなケースなど，様々な販売形態があり，後者のようなケースは一般的な養殖業に対して大きな資本をもつ企業が携わることがほとんどであることから，企業養殖とも呼ばれている．

c. 養殖ブリの流通形態

養殖ブリも天然ブリと同様にそのほとんどが生鮮状態で流通しており，出荷形態としては「活魚」（消費地締めでラウンド出荷または消費地の加工場で加工されるもの），「産地締めラウンド」，「産地または消費地加工場で加工された加工品」に大別され，加工形態の違いによりドレス，フィレ，ロインに分けられる（図 6.5）．以前は加工しないラウンド形態での出荷が主流であったが，量販店や外食企業における人手不足の問題から，近年では加工度の高いフィレやロインの需要が高まっている．特に年末は大量の養殖ブリが販売されることから店舗の加工部門や調理場の対応では間に合わず，産地または消費地で加工される高加工度の商品に対する需要が高まる傾向がある．

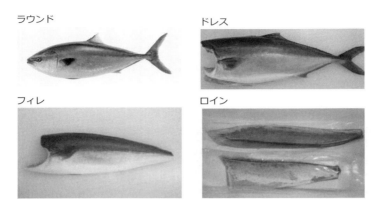

図 6.5 ブリの加工形態

　ラウンドとドレスは、出荷時には鮮魚貝類に分類され、名称、原産地、養殖の場合にはその旨の表示が必要であるほか、外箱に製造月日を記載する必要がある。フィレやロインのように容器包装された製品には、個別の包装および外箱に製造月日と賞味期限、内容量、販売者名、住所、生食の場合には生食である旨の表示をする必要がある。

　天然ブリは、そのほとんどが賞味期限のない鮮魚として出荷されるのに対して、養殖ブリは賞味期限の設定が必要な加工品での出荷が一定割合を占めるため、最短スケジュールでの配送をユーザーから強く要望される。したがって、養殖ブリの流通では、天然ブリではほとんど使用されない航空便を用いた物流構築が必要なケースも多い。なお、航空便を用いるケースでは水揚げの翌日に店舗へ届けられるように非常に短い日数での配送が要求されることもある。また、名古屋以西の地域では、刺身を食したときに筋繊維による弾力を感じられる「活かり身」に対するニーズが高く、水槽をもつ消費地の加工場まで活魚で運び、それを出荷当日の深夜 0 時以降に活け締めした「当日締め」といった販売がなされるケースもある。このように、養殖ブリでは活魚を消費地締めした Day Zero と呼ばれる商品から、産地締めのラウンドや加工品を空輸する Day One 品および Day Two 品、冷蔵トラックを用いて産地から消費地に運び販売に供される Day Three 品や Day Four 品といったように、最終の販売者である店舗からの鮮度に対する要望に合わせた様々な流通形態での販売がなされている（図 6.6, 6.7）。なお、各加工形態の賞味期限は、加工されないラウンドや加工度の低いドレス形態であれば加工

トラック（保冷車）輸送	活魚トラック輸送
産地で箱（発泡スチロール製）詰めされた養殖魚（締めた状態）を冷蔵設備を備えたトラックに積み込み，魚をチルド（5℃前後）状態で輸送する方法．主にブリなどの大型の養殖魚を大量に運ぶ．	海水を入れた水槽を荷台に備えた専用トラックを使って，魚を生きた状態（活魚）で運ぶ方法．主にマダイやヒラメ，トラフグなどの小型の養殖魚を輸送するのに適している．

図 6.6 ブリの陸上輸送に使用されるトラック（保冷車，および活魚トラック）
（全国海水養魚協会ホームページより作成）

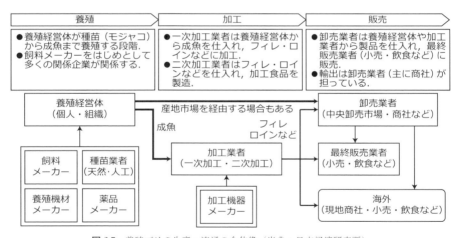

図 6.7 養殖ブリの生産・流通の全体像（出典：日本経済研究所）

時点での汚染がないまたは少ないことから1週間～10日間が目安となり，加工度の高いフィレやロイン形態であれば5～6日間が目安となる．ただし，時間経過とともに血合肉の褐変は進むことから，刺身や寿司などの生食用として用いることが可能な期間は前述のものよりも短い．夏場の天然ブリでは血合肉が褐変するまでに1日保つかどうかというケースもあり，天然か養殖かの違いや漁獲時期，魚体サイズにより見た目が重視される生食用として食用可能な期間は魚の状態に

よって大きく異なる．

　養殖ブリの加工では，ヒスタミン生成を防止する観点で加工段階の製品の品温を6時間以内に10℃以下まで冷却することが望ましく，EU HACCP（EU輸出水産食品取扱施設）でもそのように規定されている．加工場から出荷された後の物流においては，冷蔵トラックの場合を例にとると，食品衛生法で10℃以下の温度で保存することが定められており，庫内温度4〜5℃の設定で運ばれているケースが多く，氷詰めされた製品の品温はおよそ0〜5℃程度で推移している．一部には常温トラックで輸送されるものもあり，この場合の品温は5℃を超えるケースもある．フィレやロイン製品のように真空袋で個包装されている製品では，ボツリヌス菌の増殖による食中毒防止の観点から3.3℃以下での輸送が望ましいとされる．品温の下限は，0℃以下でも問題ないものの，0℃以下とした場合，肉が凍ることによる問題が生じるおそれがあり，0℃を下限とするのが望ましい．

　前述のように養殖ブリは厳格な鮮度管理がなされていることから，季節ごとの需要に合わせ春夏出荷魚は生食用主体に，秋冬出荷魚は加熱用主体に販売される．実際に消費者に供する量販店や外食企業では，仕入れた養殖ブリを部位ごとに，比較的価値をとりやすい刺身，寿司ネタなどの生食用や，反対に販売される単価が比較的安い加熱用切り身として使い分けることで必要な利益を確保すべく努めている．また，秋冬出荷魚は「ブリ大根」のようなメニューへのニーズが高まることから，西日本を中心にアラと呼ばれる頭部や中骨への需要があり，頭や内臓込みのラウンド形態での出荷が増えるほか，アラのみを箱詰めした商品への需要が高まる傾向がある．

6.1.3　ブランド化されたブリ
a.　ブランド天然ブリ

　天然ブリは，春から夏にかけて太平洋を北上した後，北海道を回り，水温の低下とともに日本海を南下して回遊する．日本海を南下するブリの一部が富山湾に入り込み，氷見漁港において水揚げされ，一定の基準を満たしたものが「ひみ寒ブリ」というブランドをつけて販売されている．この「ひみ寒ブリ」は，一般的な天然ブリよりもかなり高い価格で取引されている．このように天然ブリの中でも鮮度や品質，サイズなどで一般的なものと差別化され，品質優位性が認められるものやブランド化が成功した魚では付加価値をつけた販売がなされている．

　天然ブリの漁獲では，春夏出荷魚は若年魚の小型魚か大型魚でも成熟の影響で

図 6.8 ブランド養殖ブリの一例
黒瀬水産で生産された「黒瀬ぶり」．

脂のほとんどない痩せた魚の水揚げが多いが，秋冬出荷魚では脂の乗った大型魚の水揚げが本格化することから，通年では春夏に魚価が安く，秋冬に高くなる傾向がある．

b. ブランド養殖ブリ

養殖ブリにおいても天然ブリと同様にブランドブリと称される魚があり，飼料や飼育，加工方法などで差別化が図られている．黒瀬水産で生産される「黒瀬ぶり」（図 6.8）は，トウガラシエキス入りの飼料を用いて適度な脂乗りと血合肉の褐変速度が遅い特徴を有し，人工種苗から育成出荷される「黒瀬の若ぶり」と天然種苗（モジャコ）から育成出荷される「黒瀬ぶり」の合算で年間 150 万〜160 万尾の出荷が行われている．また，鹿児島県の東町漁業協同組合では，専用飼料を用いて組合加盟者 130 社超が生産する養殖ブリに「鰤王」という名称をつけ，年間 250 万尾超の出荷が行われている．そのほかでは，大分県の兵殖では，一般的な生簀の約 48 倍の容積をもつ大型生簀を用いて低密度養殖を行い，魚の部位全体にほどよい脂乗りを狙った養殖ブリが「ひろびろいけすぶり」として販売されているなど，すでにブランド化された養殖ブリは比較的多い．最近では，柑橘類の残渣を配合飼料に混ぜ込んだ専用飼料で育成したフルーツフィッシュが数多く生産されており，また褐変防止（抗酸化作用）や柑橘類のフレーバーが付加された愛媛県の宇和島プロジェクトの生産する「みかんブリ」や大分県の「かぼすブリ」なども注目されるなど，ブランド魚が増加する傾向にある．

6.1.4 カンパチ

カンパチは，一部に天然魚の漁獲があるものの，漁獲統計ではブリ類全体の水

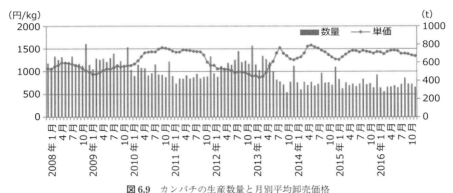

図 6.9 カンパチの生産数量と月別平均卸売価格
出典:全国海水養魚協会「月間 かん水」(各中央卸売市場調べ).

揚量しか把握できず,ブリ類水揚高の大半が「ブリ」であると考えられ,生産量のほとんどが養殖によるものと推測される.

カンパチはブリの出荷が少ない春夏の時期の刺身用商材として重宝されてきたが,近年では養殖ブリの品質向上や人工種苗を用いた春夏の出荷増を受けて養殖生産量が徐々に減少しており,年間約 800 万尾,3.2 万 t 程度の生産量となっている(図 6.9).主なマーケットは,長崎県を除く九州地方であるが,養殖ブリ類の主産地から離れた東北や北海道でも一定の需要がある.カンパチは,身質が硬いことから養殖産地では一部加熱用での消費もあるものの,そのほとんどが生食用として消費されている.

養殖カンパチでもブリと同様にブランド化がなされており,主要生産地である鹿児島県の垂水漁業協同組合では鹿児島県産の茶を混ぜ込んだ専用の配合飼料を用いて飼育したカンパチが「海の桜勘(おうかん)」として出荷されているほか,同県の鹿屋市漁業協同組合に所属するさつま水産では鹿屋市の市の花であるバラのエキスを配合飼料に混合して育成したカンパチ加工品を「鹿屋かんぱちローズ」の名称で販売している.

6.1.5 ヒラマサ

ヒラマサもカンパチ同様に一部では天然魚の漁獲があるが,漁獲統計から水揚高を把握することはできず,流通しているヒラマサのほとんどが養殖魚であると推測される.

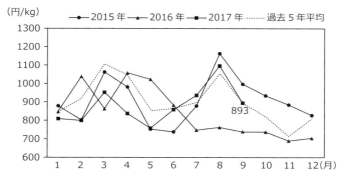

図 6.10 ヒラマサの月別平均卸売価格（東京都中央卸売市場日報，市場統計情報（月報）より作成）

　近年のヒラマサの養殖生産量は，100万〜150万尾，4000〜6000 t で推移しており，ブリ類の中で最も生産量の少ない魚種となっている．

　ヒラマサもカンパチ同様に身質が硬い魚種であり，そのほとんどが生食用として消費されているものと推測される．比較的ブリよりも高値で取引されることから（図 6.10），ヒラマサが好まれる長崎県や山口県以外の地域での消費はブリやカンパチに比べてかなり少ない． 〔重野　優〕

コラム●嫁御ブリ

　中国・四国地方，北部九州を中心に「嫁御（よめご）ブリ」という風習がある．お嫁さんをもらったご家庭からお嫁さんの実家へ「よいお嫁さんを嫁がせてもらい，有難うございました」という意味を込めて年末に大型のブリを贈る習慣である．大きなサイズのブリほど感謝の意を伝えられるということもあり，旧来から天然の大型サイズ（10 kg 以上）を贈ることが多かったが，それほどの大きいサイズは贈られた家庭でも困るというような事情もあり，近年では過去に比べて比較的小型のサイズやブリの代わりに金銭を贈る形に変化してきているようである． 〔重野　優〕

6.2 輸出促進

6.2.1 ブリ養殖と輸出の現状

a. 水産物生産量の中の養殖ブリ

2015年のわが国の養殖生産量107万tのうち,海産魚類の養殖生産量は24.6万tで,そのうちブリ類は14.0万t(全体の57%)と最も多い.ブリ類の内訳は,ブリが10.2万t,カンパチが3.4t,その他ブリ類では0.4万tと,ブリが日本の海産魚類の養殖生産量全体の42%を占めている(図6.11).なお,日本で養殖されているブリ類の養殖生産量全体は14.0万tであるのに対して,世界全体のブリ類の養殖生産数量は16.1万tであり,現状では世界全体で養殖されているブリ類のほとんどは日本で養殖されていることになる.

わが国のブリ類養殖生産量は若干の変動はあるものの,直近の10年ほどは15万t前後で推移している.天然漁獲量も近年は10万tを超えるレベルにまで回復しており,養殖で生産されたブリと天然で漁獲されたブリの両方が日本の魚市場へ安定的に供給されている.そして,最近,海外へ輸出されるようになったブリ類のほとんどは,この養殖で生産されたブリである.

b. 養殖ブリの輸出実績

ブリの輸出量は年々増えてきており,2015年にはその輸出量は7944t,輸出額は138億円にのぼる.この数字は,日本の水産物全体の輸出量の1.5%を占め

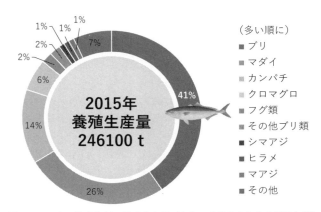

図 6.11 日本の海産魚類の養殖生産量(出典:農林水産省水産統計年報)

表 6.1　日本の主要水産物の輸出実績（2015年）

分類	輸出量 (t)	構成比 (%)	輸出額 (億円)	構成比 (%)	単価 (円/kg)
水産物流通	526348		2757		524
ホタテ貝	79779	15.2	591	21.4	741
サバ	186025	35.3	179	6.5	96
ブリ	7944	1.5	138	5.0	1737
サケ・マス	20362	3.9	72	2.6	354

出典：財務省貿易統計.

るが，輸出額では5.0％に相当し，魚類ではサバに次ぎ2番目に多い金額で，比較的単価の高い魚類として最も重要な輸出用戦略魚種の一つといえよう（表6.1）．

ブリ輸出の主体はフィレ製品で，原魚に換算すると1.3万tとなり，これは前述の養殖ブリ生産量の年間平均10万tの10％超を占め，養殖ブリにとって海外市場はすでに非常に大きな存在になっていることを物語っている．

c. ブリの製品形態

ブリの製品形態には，フィレ（三枚おろし），ロイン（フィレを背側と腹側に切り分け，骨を除去した四つ割りフィレ），ドレス（頭部がカットされ，内臓が除去されたもの）およびラウンド（魚の1本そのままの姿もの）があり（図6.5参照），それぞれに冷凍品と生鮮品がある．養殖ブリ輸出の主な製品は，ポリフィルムの袋に入れて真空包装された冷凍のフィレとロインであり，輸出量の8割を占める．残りの2割は生鮮のフィレやラウンドである．海外への輸送方法は，冷凍品は冷凍コンテナに積み込まれてコンテナ船で輸出先国へ海上輸送され，生鮮品は発泡スチロールのケースに詰め込まれた氷蔵の状態で航空貨物として空輸されている．

輸出品の物流ルートは，一般的には養殖魚は加工場などで前述の製品形態に加工・包装され，日本国内の商社などを介して海外へ輸出され，現地の商社・販売会社に輸送される．海外の市場では，主にレストランや小売店に販売されている．

d. ブリの輸出先国と国別輸出量

2015年の輸出先国別の輸出実績では，冷凍フィレと生鮮フィレを合わせて6650tで，米国への輸出量が圧倒的に多い状況にある（図6.12）．2015年の船便による冷凍フィレの輸出量（6599t）のうち北米向け（米国，カナダ）が5747tと全体の9割近くを占めている．特に，北米向けの輸出量は2008年から6倍以上もの伸びをみせている（図6.13左）．輸出額も同様に，138.3億円のうち北米は101.3億円で7割超を占めており（図6.13右），北米の中でも米国は日本の養

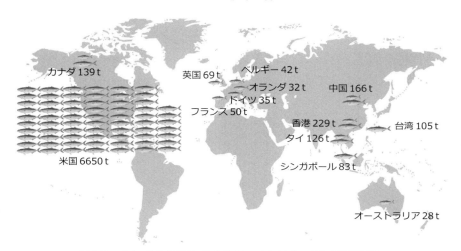

図 6.12　ブリの輸出先国別の輸出量（2015年）（出典：財務省貿易統計）

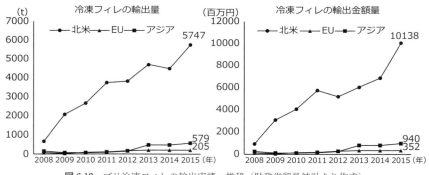

図 6.13　ブリ冷凍フィレの輸出実績・推移（財務省貿易統計より作成）

殖ブリの最大かつ最重要のマーケットとなっている．また，現状では数量的には少ないが，近年はアジア向けの輸出量も年々増加する傾向にある．

一方，空輸の生鮮フィレも船便の冷凍フィレと同様に，北米を主な市場としているが，北米向けの生鮮フィレの輸出量は減少傾向にあり（図6.14），冷凍フィレに置き換わりつつある．アジアへの輸出量は冷凍フィレと同様にまだ少ないものの徐々に増加する傾向にある．北米以外の海外マーケットにおいても，寿司や刺身用の商材としてブリの認知度は徐々に高まりつつある状況といえよう．

日本から輸出する際の単価は，生鮮フィレと冷凍フィレの間で大きな差はなく，

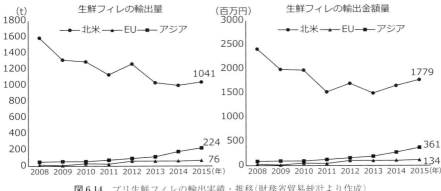

図 6.14 ブリ生鮮フィレの輸出実績・推移（財務省貿易統計より作成）

いずれも 1300～1800 円/kg の範囲である．しかし，輸出先の国に到着した時点の単価は，空輸運賃と海上運賃の輸送費の較差が影響し，米国では空輸した生鮮フィレで 12～17 ドル/kg であるのに対し，海上輸送した冷凍フィレで 7～14 ドル/kg と，両者の単価に開きが生じている．

6.2.2 ブリの輸出促進
a. 日本の水産物市場の動向

1990 年代後半から，国内の食品の市場環境が大きく変化してきている．労働・消費の中心となる生産年齢（15～64 歳）の人口の減少が 1995 年頃から始まっており，これに引き続き，2004 年以降には日本の総人口の減少が始まっている．また，労働者 1 人当たりの実質賃金も 1997 年のレベルと比べると，大きく低下している．

このような人口構造の変化を背景に，1990 年代後半～2000 年代前半をピークに，魚介類と肉類（牛，豚および鶏）からなる動物性タンパク源全体の消費量の減少が始まっている．また，実質賃金の低下を背景に，水産物や牛肉に比べて単価の安い豚肉や鶏肉の需要が確実に上昇する傾向にある．特に魚介類需要の減少が著しく，動物性タンパク源に占める割合は 50％を切る状況にまで減少してきている（図 6.15）．

b. 世界の水産物市場の動向

2000 年を境に減少を続けている日本の水産物供給量とは正反対に，世界の水産物市場は世界人口の増加やアジア地域の高度経済成長を背景に急拡大を続けて

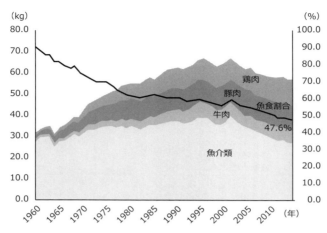

図 6.15 日本の食用魚介類・肉類消費量の推移（農林水産省食糧自給表より作成）

いる（図 6.16）．1980 年代の全世界への水産物の供給量は 8000 万 t であったが，2015 年には約 1.3 億 t まで急増している．地域別には，中国をはじめとするアジアでは人口増加に加えて経済成長により高所得層・中間層の増加に伴い，高価な水産物への需要が高まってきている．ヨーロッパや米国では，BSE（牛海綿状脳症，通称狂牛病）や鳥インフルエンザなどの発生による食品に対する安全志向と長寿への健康志向から，食生活の中に魚を取り入れる傾向が強くなり，水産物への需要は根強いものとなっている．

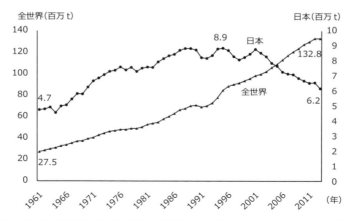

図 6.16 日本と世界の水産物供給量の推移（FAO "Food Blance Sheet" より作成）

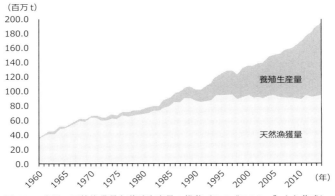

図 6.17 世界の天然漁獲量と養殖生産量の推移（FAO "FishStat" より作成）

　このように世界の水産物需要が増加する中で，近年，養殖業の重要性が大いに高まってきている．天然漁獲量はその資源量に制約があることから頭打ちの横ばいの状況で，今後も急激な漁獲量の増加は見込めない（図 6.17）．一方，養殖業は増加する水産物への需要を賄い，将来，食料としての動物性タンパク源としての優位性を担う貴重な産業となってきている．世界規模では今後，さらに成長産業としての可能性が見込まれる分野として大きく注目されている．

c. 日本の水産物の輸出拡大方針

　日本市場の縮小均衡が予想される中，国内市場の規模を維持する一方で，海外への農水産物の輸出量を増加させていくことを日本国政府も強く推進しようとしている．農林水産省は，世界の食品市場の規模が 2009 年の 340 兆円から 2020 年には 680 兆円に倍増し，特に，中国をはじめとするアジアの市場規模は 82 兆円から 229 兆円と約 3 倍になると予測している．この予測に基づき，2012 年の農水産品の輸出額（約 4500 億円）を 2020 年には 1 兆円に増やすことを目標に掲げ，その中で水産物は 1700 億円から 3500 億円に増やす戦略をたてている（図 6.18）．日本国政府が掲げたその輸出拡大計画に則り，海外輸出を増加させていくことがブリ養殖業の成長と発展にも必須となるであろう．

　前述したように，すでに養殖ブリは米国をはじめとする海外マーケットにおいても生鮮品を主体に高級食材として認知を得てきており，世界の上流層（富裕層）には受け入れられてきている．今後，さらに海外市場を獲得していくためには，図 6.19 に示すようなボリュームゾーンと呼ばれる中流層が取り扱いやすい価格

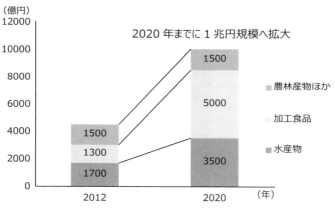

図 6.18 日本の農水産物と食品の輸出戦略（農林水産省より作成）

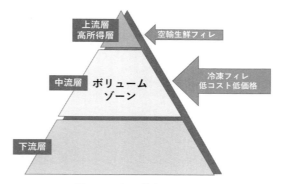

図 6.19 ブリの輸出ターゲット

で提供し，多くの販売量を獲得していくマス戦略[*1]が必要となる．

6.2.3 今後の輸出促進への展望

日本の養殖ブリの輸出促進に向けて必要な要素はいくつかあると考えられるが，その本質の一つはブリの品質と供給の安定化，もう一つは生産コストなどの

[*1] マス戦略：対象を特定せずに画一化された方法を用いて行うマーケティング戦略，マーケティング活動のこと．大量生産と大量販売，マスメディアを用いた広告などの大量投入を前提としており，市場の拡大，成長期に用いる手法としては有効だが，消費者の価値観が多様化した市場・時点では特定のニーズに応えきれない場合がある．

6.2 輸出促進

競争力の強化と考えられる．

まず，品質と供給の安定化について考えてみよう．生鮮品の生食用養殖魚種として，近年ではサーモンに次いでブリ類の養殖が世界で注目されてきている．ブリ類は世界中で好まれている魚であるが，現在，米国，メキシコ，オーストラリア，チリ，デンマーク，サウジアラビアあるいは地中海沿岸の諸国では，カンパチやヒラマサの養殖が実施または計画されている．これらの日本以外の世界のブリ類養殖は，天然種苗（モジャコ）を採捕して行う養殖を主体としている日本のブリ養殖とは異なり，すべて人工種苗生産からの事業スタートである．また，その養殖規模は桁違いに大きく，養殖技術も最先端のレベルからスタートできる環境にある．ノルウェーサーモン養殖でも開発が進められ，いまや世界の養殖産業で推進されている人工種苗による完全養殖技術を用いた産業実用化が大きな鍵を握ることとなろう．具体的には，選抜育種（品種改良），無魚粉飼料開発，赤潮などの漁場環境管理対策，魚病対策，養殖作業の機械化・自動化，養殖施設の沖合化・大型化，また，養殖から加工や流通に至るまでの機能を一本化した垂直統合に加えて，養殖場の水平統合や加工場の集約化などのマス戦略によるスケールメリットの活用などがあげられよう．さらに，ブリ養殖業界の強化を図るために異業種も含めた産官学連携に基づいた成長産業化を推進すべきである．

世界を目指したマーケティングや販売促進に関しても，NSC（ノルウェー水産物審議会）のような産業界の司令塔をつくり，関係する団体・企業群のベクトル方向を定め，生産・供給・マーケティングの体制を整備し，世界の多様な市場に合わせて販売ルートや時間軸を調整しつつ，効率的に進めるような統制体制を求める声も多くなってきている．反面，そのような司令塔の体制がない中でも，米国市場では日本の養殖ブリ生産量の10％超の輸出が実現できている．旧来の護衛船団方式に頼りすぎることなく，基本的には養殖業者や民間事業者の責任と努力によって，団体支援を活用しながら輸出を拡大していくことも検討すべきであろう．

次に，生産コストなどの競争力の強化について考察してみよう．ノルウェーサーモンは年間120万tが生産供給され，世界中の寿司と刺身の市場を席巻している．その輸出価格は，主要輸出品である鰓と内臓を除去した製品で750円/kg（フィレ換算で1000円/kg）のレベルである．一方，ブリの生鮮・冷凍フィレの輸出価格は前述した通り1500～1700円/kgと，1kg当たりで500～700円も高値となっている．生産サイドは，前述の品質と供給の安定化，それに加えて生産コストの

徹底的な低減を図り，販売サイドは，価格の安定化と販売数量の確保を行う．そのうえで国内需要の掘り起こしを行うとともに，米国以外の海外市場へも売り込んでいく必要性が生じると考えられる．具体的には，世界中に販売されている120万tのノルウェーサーモンのレストランメニューである寿司プレートやテイクアウトパックの中の握り寿司の1貫をブリに置き換えてもらうことなども想定される．そのためには，サーモンの流通ルートに存在する輸入販売業者やレストランのシェフ達にブリの品質や品揃えのよさを認識してもらう必要があろう．

さらに，欧米への輸出販売を増やしていくには，資源・環境・地域社会にも配慮し，次世代に責任がもてる持続可能な産業形態のもとで生産・飼育された食材であることが必要条件になりつつある．そのような持続可能な養殖業を証明した国際認証（水産養殖管理協議会の認証など）を取得することも，今後，輸出戦略を推進するうえでは必須の条件と考えられる． 〔山瀬茂継〕

文　献

FAO Food Balance Sheet（http://www.fao.org/faostat/en/#data/FBS）
FAO 養殖生産統計：FishStatJ（http://www.fao.org/fishery/statistics/software/fishstatj/）
マリノフォーラム21，養殖ブリのページ（http://yousyokuburi.com/）
日本政策投資銀行・日本経済研究所，南九州水産調査〜ブリ養殖の成長戦略〜 2016年6月（https://www.dbj.jp/pdf/investigate/area/s_kyushu/pdf_all/s_kyushu1606_01.pdf）
農林水産省，平成25年度水産白書（http://www.jfa.maff.go.jp/j/kikaku/wpaper/h25/index.html）
農林水産省統計，海面漁業生産統計調査（http://www.maff.go.jp/j/tokei/kouhyou/kaimen_gyosei/index.html#r）
財務省貿易統計（http://www.customs.go.jp/toukei/srch/index.htm）

索　引

欧　文

α溶血性レンサ球菌症　125
ATP　154
ATP濃度　160

β溶血性レンサ球菌症　126
Benedenia seriolae　132
BLUP法　145

C群レンサ球菌症　127
Caligus lalandei　136
Caligus spinosus　135
CO処理　162, 176
CO-Mb　162
CP/GE　78
Cryptocaryon irritans　130

DHA　112, 150
DO　84
DP　74

EP　74
EPA　150

HCG　94
Heteraxine heterocerca　134

Ichthyobacterium seriolicida　124

K値　155
Kudoa amamiensis　132

Lactococcus garvieae　125
LHRHa　95

LNPネット　52

Microsporidium seriolae　129
MP　71
Myxobolus acanthogobii　131

n-3系脂肪酸　150
n-6系脂肪酸　150
Neobenedenia girellae　132
Nocardia seriolae　127

Paradeontacylix buri　135
Paradeontacylix grandispinus　134
Paradeontacylix kampachi　134
Photobacterium damselae subsp. *piscicida*　122
PUFA　150

RSIV　119

SAI　100
SMP　74
SR Ca-ATPase　167
Streptococcus dysgalactiae　127
Streptococcus iniae　126

Vibrio anguillarum　122

YTAV　120

Zeuxapta japonica　134

あ　行

アーカイバルタグ　38
赤潮　60
赤潮プランクトン　87
アカモク　65
アデノシン三リン酸　154
安戸池　60
アニサキス　68
奄美クドア症　132
アミノ酸スコア　150
アミノ酸組成　79
アミラーゼ　77
アンセリン　152

育種価　146
育種学　137
育種素材　141
育種対象　137
育種プログラム　146
活け締め　163, 177
生簀　59
イコサペンタエン酸　150
蝟集　107
一汁一菜　5
位置推定　39
一価不飽和脂肪酸　150
一酸化炭素（CO）処理　162, 176
遺伝的管理　141
遺伝的多様性　141
遺伝的有効サイズ　141
遺伝的要因　139
遺伝率　140

ウイルス性疾病　92, 119

ウイルス性腹水症 120
上野式大敷網 20
鰓 103, 109
鱗 43

栄養 149
栄養要求 110
エクストルーダーペレット 74
エクスパンダーペレット 74
餌付け 112
越中式落網 21
越中ブリ 12
越冬 36
江戸前寿司 7
鰓カリグス症 135
エラムシ症 134

オキシミオグロビン 156
沖出し 108
温暖化 66
温暖レジーム期 28

か 行

海外市場 187
海外輸出 4
開腔 103
開腔魚 109
開口 107
海上小割方式 91
海上輸送 187
飼付釣漁業 19
貝原益軒 11
回遊 33
回遊パターン 41
改良型ノルバックネット 52
家系情報 142
家系図 143
加工品 179
過熟現象 96
可消化エネルギー 77
活魚 179
活力判定 100
カニューラ 95
加熱用 182
かぶら寿司 9

環境基準 83
環境制御 117
環境変動 27
完全養殖 193
乾燥固形飼料 74
乾導法 94
官能評価 154
カンパチ 1, 32, 66, 183
カンパチ類 32
寒ブリ 13, 23
寒冷レジーム期 28

企業養殖 179
寄生虫性疾病 92, 128
機能性食品 4
郷土料理 8
漁獲可能量 26
漁獲量 34
漁獲量重心 30
極限体長 47
漁場改善計画 86
魚数計 105
魚粉 74
魚類住血吸虫症 134
筋原線維タンパク質 163
金庫網 21
筋小胞体 155
筋小胞体(SR)Ca-ATPase 165
近親交配 141
　　　──のリスク 143

空輸 187

形態異常 108, 115
血圧降下ペプチド 152
ゲノム育種価 146
ゲノム選抜法 146
健苗 101

香気成分 174
抗菌剤 123
合成黄体形成ホルモン放出ホルモン 95
硬直 154
行動生態学 38
高度不飽和脂肪酸 111

コホート解析 24
小割式養殖 59, 61

さ 行

鰓蓋骨 43
細菌性疾病 92, 122
細菌性溶血性黄疸 124
サイズ選別 113
サイズ選別技術 113
再生産成功率 3, 26
最適産卵水温 53
採卵用親魚 90, 91
酸性化 161
産卵期 51
産卵場 51
産卵生態 49

飼育水温 103
飼育方法 108
飼育履歴 69
塩ブリ 18
塩焼き 174
自家汚染 72
自家蛍光 167
仔魚 51
仔魚収容 102
仔魚膜 99
資源管理 3, 26
資源の水準 25
資源評価 23
資源量推定 24
死後硬直 154
脂質 149
耳石 43
自然産卵 93
持続的養殖生産確保法 86
質的遺伝 138
質的遺伝形質 138
質的形質 138
質的評価 100
湿導法 94
至適脂質含量 79
至適タンパク質含量 77
師の魚 11
自発摂餌 75

周年採卵　68, 93
重量法　105
出世魚　1, 11
種苗コスト　118
種苗生産技術開発　101
馴致　112
消化吸収率　78
消化速度　75
消失速度　75
焼臭成分　174
脂溶性ビタミン　80
消費量　175
初期減耗　105
植物原料　74
ショゴ　35, 42
ショック死　106
ショッコ　42
餌料系列　104, 112
師走の魚　11
親魚養成　90
親魚養成コスト　97
シングルモイストペレット　73
人工授精法　94
人工種苗　62, 67, 178, 193
人工種苗生産技術　62

水産物供給量　189
水産養殖管理協議会（ASC）　88
水産用水基準　84
水槽内産卵法　94
水平伝播　99
水溶性ビタミン　80
寿司文化　4, 8
ストレス強度　160

生活習慣病予防効果　152
制限給餌　112
生残　104
生産コスト　193
生殖腺　49
生食用　182
生鮮フィレ　187
精巣　50
成長　42, 107
成長曲線　44, 48
成長式　47

生物学的許容漁獲量　26
生物学的最小形　49, 54, 56
生物餌料　67, 104
脊椎骨　43
脊椎骨上湾魚　110
脊椎骨上湾症　115
摂餌促進物質　74
鮮度　180
鮮度誤認　162
鮮度指標　154
選抜差　140

早期採卵　67, 91, 93
早期種苗生産　67, 116
早期人工種苗　67
即殺処理　163

た 行

台網　18
体サイズ　112
　——の選別　107
大豆油粕　74
タウリン　111
多価不飽和脂肪酸　150
建刺網　17
短日処理　93
炭水化物　80
淡水浴　92
タンパク質　149
　——とエネルギーの比率　78
タンパク質要求量　77

血合肉　156
血合肉メト化率色票　159
稚魚　51
稚魚ネット　52
築堤式養殖　59, 60
中間育成　108, 117
柱状サンプリング　105
注水量　98
長日処理　93
超低温保存　160
沈降死　109
鎮静化　171

通気量　98
通電装置システム　171
つつき行動　106, 108

低魚粉飼料　74
デオキシミオグロビン　156
照り焼き　174
電気刺激　171
電子記録計　38
天然漁獲量　186
天然資源量　3
天然種苗　62, 67, 178, 193
天然ブリ　177
デンプン　80

ドコサヘキサエン酸　111, 150
土佐式ブリ落網　20
年取り魚　5, 12, 18
共食い　105
共倒れ　106
取り揚げ　108
トレーサビリティ　69
ドレス　179, 187

な 行

内臓除去機　173
流れ藻　34, 62
流れ藻来遊量指数　65
生餌　71
なれ寿司　9

握り寿司　7
日齢解析　64
日本山海名産図会　11
ニューストンネット　52

ネイリ　42
粘液胞子虫性側湾症　131
年齢　42
年齢別漁獲尾数　24

野網和三郎　60
ノカルジア症　127
野締め　177
ノーベル街道　13

呑み込み　106
ノルウェーサーモン　193

は　行

配合飼料　71, 92
配送　180
排卵　93, 95
白点病　130
ハダムシ症　92, 132
パッチ　113
繁殖特性　49

非結核性抗酸菌症　128
比色法　105
ヒスタミン　182
日高式大敷網　19
日高式大謀網　20
飛騨ブリ　12
ビタミン　149
必須アミノ酸　79, 150
必須元素　152
必須脂肪酸　79, 150
ヒト絨毛性性腺刺激ホルモン　94
皮膚カリグス症　136
ビブリオ病　122
鰾　103, 109
病害　60
標識放流　36
ヒラス　42
ヒラマサ　1, 32, 184
微粒子配合飼料　112
ヒレナガカンパチ　32

フィチン酸　82
フィレ　179, 187
フォッサマグナ　12
ふ化器　99
不可欠アミノ酸　79
ふ化ネット　98
ふ化容器　98
浮上横臥　113
浮上死　109
ブランド　182
ブリ　1

ぶり起こし　13
ぶり街道　13
ブリ資源　66
フルーツフィッシュ　82, 183
分布　33
分離浮性卵　99

閉鎖循環式　59
併用給餌　116
べこ病　129
ヘッドカット装置　172
ペプシン　76
へら　9
へら寿司　9
ペレット　72
変性速度定数　163

飽和脂肪酸　150
ポリジーン　138
ホルモン投与　91
ボンゴネット　53

ま　行

マイナージーン　138
マーカーアシスト選抜法（MAS）　145
まき網　22
マス戦略　191
マダイイリドウイルス病　119
マッシュ　72

ミオグロビン　156
未開腔魚　109
ミコバクテリア症　128
密度効果　46
ミネラル　149

無機質　152
無給餌生残指数　100
無魚粉飼料　74

銘柄　24
メジャージーン　138
メト化　157
メト化速度　167

メト化率算出式　158
メトミオグロビン　157

モイストペレット　71, 92
目的形質　144
モジャコ　3, 34, 62, 63, 65, 90, 193
モジャコ漁業　63, 66
モジャコ調査　63
モジャコ来遊量　65
モジャコ来遊量指数　64

や　行

夜間サイズ選別　114
ヤケ現象　161
誘発産卵　93
幽門垂　76
輸送シミュレーション　54
輸入種苗　68
ユネスコ無形文化遺産　4, 5
油膜除去　103, 110
養殖生産量　2, 186
養殖認証　88
養殖ブリ　178, 186
溶存酸素　83

ら　行

雷鳴　13, 14
ラウンド　179, 187
ラクトコッカス症　125
卵管理　98
卵収容　102
卵巣　50
卵母細胞　95
卵母細胞径　93

陸上水槽方式　91
陸上養殖　59
リトル東京　8
流通ルート　194
量的遺伝　138
量的遺伝形質　138

量的形質　138
輪紋　43

類結節症　122

冷凍フィレ　187

冷凍フィレ製品　176
冷凍輸出　162
レジームシフト　27, 37
レンサ球菌症　126

ロイン　179, 187

わ　行

ワクチン　121
和食　4, 5

編著者略歴

虫明 敬一
（むし あけ けい いち）

1958 年　岡山県に生まれる
1984 年　広島大学大学院農学研究科修士課程修了
　　　　社団法人日本栽培漁業協会場長，独立行政法人水産総合研究センター養殖研究所部長，国立研究開発法人水産研究・教育機構西海区水産研究所まぐろ増養殖研究センター長などを経て定年退職
現　在　同機構増養殖研究所育種研究センター研究員（再雇用）
　　　　博士（農学）

シリーズ〈水産の科学〉1
ブリ類の科学　　　　　　　　　価格はカバーに表示

2019 年 6 月 1 日　初版第 1 刷

編著者　虫　明　敬　一
発行者　朝　倉　誠　造
発行所　株式会社 朝倉書店
　　　　東京都新宿区新小川町 6-29
　　　　郵便番号　162-8707
　　　　電　話　03（3260）0141
　　　　ＦＡＸ　03（3260）0180
　　　　http://www.asakura.co.jp

〈検印省略〉

© 2019〈無断複写・転載を禁ず〉　　　　新日本印刷・渡辺製本

ISBN 978-4-254-48501-1　C 3362　　　　Printed in Japan

JCOPY　〈出版者著作権管理機構　委託出版物〉

本書の無断複写は著作権法上での例外を除き禁じられています．複写される場合は，そのつど事前に，出版者著作権管理機構（電話 03-5244-5088，FAX 03-5244-5089，e-mail: info@jcopy.or.jp）の許諾を得てください．

前東大 阿部宏喜編
食物と健康の科学シリーズ
魚 介 の 科 学
43551-1 C3361　　　　A 5 判 224頁 本体3800円

海に囲まれた日本で古くから食生活に利用されてきた魚介類。その歴史・現状・栄養・健康機能・安全性などを多面的に解説。〔内容〕魚食の歴史と文化／魚介類の栄養の化学／魚介類の環境馴化とおいしさ／魚介類の利用加工／アレルギー／他

千葉県水産総合研 滝口明秀・前近大 川﨑賢一編
食物と健康の科学シリーズ
干 物 の 機 能 と 科 学
43548-1 C3361　　　　A 5 判 200頁 本体3500円

水産食品を保存する最古の方法の一つであり、わが国で古くから食べられてきた「干物」について、歴史、栄養学、健康機能などさまざまな側面から解説。〔内容〕干物の歴史／干物の原料／干物の栄養学／干物の乾燥法／干物の貯蔵／干物各論／他

前函館短大 大石圭一編
シリーズ〈食品の科学〉
海 藻 の 科 学
43034-9 C3061　　　　A 5 判 216頁 本体4000円

多種多様な食品機能をもつ海藻について平易に述べた成書。〔内容〕概論／緑藻類／褐藻類（コンブ、ワカメ）／紅藻類（ノリ、テングサ、寒天）／微細藻類（クロレラ、ユーグレナ、スピルリナ）／海藻の栄養学／海藻成分の機能性／海藻の利用工業

熊本大 横瀬久芳著
はじめて学ぶ海洋学
16070-3 C3044　　　　A 5 判 160頁 本体1800円

学術的な分類の垣根を取り払い、広く「海」のことを知る。〔内容〕人類の海洋進出（測地、時計など）／水の惑星（海流、台風、海水、波など）／生物圏（生命の起源、魚達の戦略など）／現状と未来への展望（海洋汚染、資源の現状など）

前東大 北本勝ひこ・首都大 春田 伸・東大 丸山潤一・東海大 後藤慶一・筑波大 尾花 望・信州大 齋藤勝晴編
食 と 微 生 物 の 事 典
43121-6 C3561　　　　A 5 判 512頁 本体10000円

生き物として認識する遥か有史以前から、食材の加工や保存を通してヒトと関わってきた「微生物」について、近年の解析技術の大きな進展を踏まえ、最新の科学的知見を集めて「食」をテーマに解説した事典。発酵食品製造、機能性を付加する食品加工、食品の腐敗、ヒトの健康、食糧の生産などの視点から、200余のトピックについて読切形式で紹介する。〔内容〕日本と世界の発酵食品／微生物の利用／腐敗と制御／食と口腔・腸内微生物／農産・畜産・水産と微生物

前東北大 竹内昌昭・前海洋大 藤井建夫・名古屋文理短大 山澤正勝編
水 産 食 品 の 事 典（普及版）
43111-7 C3561　　　　A 5 判 452頁 本体12000円

水産食品全般を総論的に網羅したハンドブック。〔内容〕水産食品と食生活／食品機能（栄養成分、生理機能成分）／加工原料としての特性（鮮度、加工特性、嗜好特性、他）／加工と流通（低温貯蔵、密封殺菌、水分活性低下法、包装、他）／加工機械・装置（原料処理機械、冷凍冷蔵処理機械、包装機械、他）／最近の加工技術と分析技術（超高圧技術、超臨界技術、ジュール加熱技術、エクストルーダ技術、膜処理技術、非破壊分析技術、バイオセンサー技術、PCR法）／食品の安全性／法規と規格

水産総合研究センター編
水 産 大 百 科 事 典（普及版）
48001-6 C3561　　　　B 5 判 808頁 本体26000円

水産総合研究センター（旧水産総研）総力編集による、水産に関するすべてを網羅した事典。〔内容〕水圏環境（海水、海流、気象、他）／水産生物（種類、生理、他）／漁業生産（漁具・機器、漁船、漁業形態）／養殖（生産技術、飼料、疾病対策、他）／水産資源・増殖／環境保全・生産基盤（水質、生物多様性、他）／遊漁／水産化学（機能性成分、他）／水産物加工利用（水産加工品各論、製造技術、他）／品質保持・食の安全（鮮度、HACCP、他）／関連法規・水産経済

上記価格（税別）は 2019 年 5 月現在